国家重点基础研究计划
2002CB211800

化学电源选论

查全性 著

WUHAN UNIVERSITY PRESS
武汉大学出版社

内容提要

本书主要讨论化学电源在能源结构中的位置,新电源体系的探索,以及有关电池反应机理的若干公共性基础问题,包括电池中正、负极之间的相互作用和多孔电极的极化机理等,可供从事化学电源研究和设计的科技人员参考。

目 录

前言

第一章 能源网络、氢能经济和化学电源在能源网络中的作用

1.1 现代社会中的能源网络 …………………………… 1
1.2 "电/油、气"能源网络存在的主要问题 ………… 4
1.3 "氢能经济" ………………………………………… 8
1.4 储氢技术 …………………………………………… 12
1.5 质子膜燃料电池技术的发展状况与存在的问题 …………………………………………… 20
1.6 氢能技术的发展阶段与"过渡技术" …………… 24
1.7 二次化学电源在能源结构中的重要位置 ……… 28
参考文献 ……………………………………………… 29

第二章 高比能化学电池体系

2.1 泛论化学电池的比能量 …………………………… 31
2.2 高比能负极材料纵论 ……………………………… 43
2.3 高比能正极材料纵论 ……………………………… 50
2.4 小功率氢-空气燃料电池 ………………………… 56
2.5 锌-空气电池 ……………………………………… 65

2.6 直接甲醇燃料电池(DMFC)与直接硼
氢化物燃料电池(DBFC) ················· 75
2.7 周期表中"被忽略了的"元素板块············ 83
参考文献 ······································ 90

第三章 化学电池中正、负极之间的匹配与相互作用

3.1 前言 ·· 91
3.2 从充电控制角度看正、负极之间的匹配与
相互作用 ································· 94
3.3 第三氧化/还原体系在电池中的作用········ 128
参考文献 ······································ 136

第四章 电池中的电流密度分布和极化分布

4.1 前言 ······································ 137
4.2 多孔电极 ································· 138
4.3 全浸没多孔电极在厚度方向上的不均匀极化 ··· 143
4.4 由于集流体电阻所引起的与电极表面平行
方向上的不均匀极化和电流分布 ·········· 158
4.5 气体扩散电极简介 ························ 166
4.6 由电化学活性粒子组成的多孔电极 ········ 178
参考文献 ······································ 182

第五章 粉末微电极及其在化学电源研究中的应用

5.1 粉末微电极简介 ························· 183
5.2 用粉末微电极方法研究粉末材料的

电催化行为 …………………… 186
5.3 用粉末微电极方法研究具有电化学活性
　　　的粉末材料 …………………… 191
5.4 用粉末微电极方法研究"气体电极/聚合物
　　　电解质膜"界面上的反应机理 …………… 198
参考文献 …………………………… 210

前 言

能源问题包括两项主要内容：一是原始能源材料的开发和能源的产生；一是能量的储存，特别是轻便的、可作移动式能源使用的储存方式。一次化学电池直接利用能源材料产生电能，而二次电池则为主要的储电手段，因此化学电源是整个能源结构中不可缺少的组成部分。严格说来，化学电源科学是一门古老的科学，但由于当今热门高新科技如氢能经济、高性能电动车、微电子技术、信息技术等均迫切要求性能更高的化学电池，遂使化学电源的发展成为当代科技发展的重要组成部分，对国民经济的贡献也在不断上升。

这本小册子主要收集了作者近年来针对研究和发展化学电源所作的一些讲稿与讨论性论文，也包括近年来武汉大学电化学研究室的若干研究成果，整理成为几章以讨论化学电源的若干基础性问题（而不是逐一讨论各种类型的化学电池），目的在于试图从综合的角度来审视化学电源科学的若干问题。书名称为"选论"，"选"盖指内容偏而不全，"论"则应理解为"议论"而决非"定论"。化学电源科学包罗万象。本书作者虽曾在此领域中涉猎过若干年，但对许多方面并不熟悉，更缺乏实际生产经验。如蒙有识之士指出这本小册子中的各种错误,将不胜感激之至。

最后还要提到:这本小册子的整理和出版,在一定程度上是配合国家重点基础研究计划(973计划)项目"绿色二次电池新体系相关基础研究"(编号 2002CB211800)进行的。这一重点项目的基础性目标曾引发作者对若干基础问题的思考,而与从事这一项目人员的交流也使作者获益匪浅。如果这本小册子的出版能引发这一项目对某些问题进行更深入的探索,则对作者将是莫大的鼓励。

查全性
2005年春于珞珈山

第一章
能源网络、氢能经济和化学电源在能源网络中的作用

1.1 现代社会中的能源网络

人类在各种活动中广泛使用各种能源。能源的生产与运输已是全球产值最高的产业。为了满足各方面对能源的需要,能源的生产、分配与使用构成了能源网络,其基本结构(见图1.1)包括能源材料及能源的集中生产,管、线或车、船运输和储存,以及"在线"使用(直接将来自能源网络的能量或燃料转换为热、电及机械运动等)和"离网"使用。所谓"离网"使用,系指那些不能直接从能源输送网络获得能源供应的场合,包括那些未与能源供应网络直接连接的局部地区,以及那些需要脱离能源网络自由移动的使用场合。后一类应用中包括从各种交通器到各种移动式电器(如移动电话、手提电脑……)等大大小小、形形色色的耗能用途。实现能源离网使用的前提是在能源供应网络与"局部"或"移动"用户之间存在方便的能源转移,以及在离网用

器中有足够轻巧的能源储存手段。

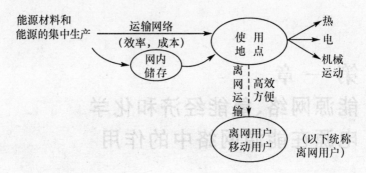

图1.1 能源结构网络简图

现代文明主要依靠两大能源网络：电网和油、气网络。图1.2显示电网的基本结构。电的产生、传输与使用技术高度成熟、高效,在输送和使用过程中一般也不产生污染。然而,电网存在下列缺点：

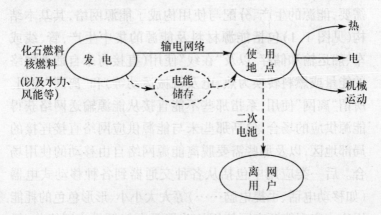

图1.2 现有基本能源网络（Ⅰ）电网

(1) 缺乏方便、高效的储电手段,不易适应昼夜和季节变化等所引起的过于激烈的负荷变化。

(2) 离网用户主要只能利用二次电池从电网上取得能源,而二次电池大多重量与体积太大,其充电时间也往往太长,难以满足人们的要求。

(3) 如果采用化石燃料(煤、油、气等)作生产电能的基本能源材料,则在"源头"上所产生的污染往往相当严重。

油、气网络的基本结构如图 1.3 所示。油、气的主要优点是储运方便,也可以很方便地就地转换为热能、电能或机械能。这些优点正好补充了电网的缺点,因此特别适用于移动用户及远离电网的"边远"地区。油、气的主要缺点则是小规模就地转换为电及机械能时效率较低(与大型集中发电相比),引起的污染也较严重。

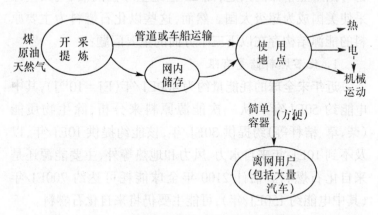

图 1.3　现有基本能源网络(Ⅱ)油、气网

由于上述原因,现代社会中能源的利用方式大致遵循下列原则:

(1) 固定用户,特别是大功率用户,除了少部分直接燃煤或油供热或/及产生动力外,主要是从电网上直接取得能源;

(2) 离网的局部或移动用户,特别是大量交通器的运行,主要直接利用油、气作能源材料;

(3) 由于小功率油机效率不高,引起的污染也更严重,小功率(例如小于100W)的移动式电器大都利用二次化学电池(甚至一次电池)供电。

1.2 "电/油、气"能源网络存在的主要问题

如前所述,现代文明主要是依靠化石燃料和"电/油、气"网络的支撑。18~19世纪煤的大量应用支撑了在英、德等国工业革命的兴起;而20世纪全球性的油、气大量开采使美国成为超级大国。然而,这些以化石燃料为主要原料的能源结构存在以下三个方面的主要问题:

1. 化石燃料储量有限

近年来全球的耗能量约为400EJ/年（$EJ = 10^{18}J$）,其中电能约50EJ/年。从一次能源原料来分析,除生物质能(柴、草、秸秆等)约提供30EJ/年,核能约提供10EJ/年,以及不到10EJ/年来自水力、风力和地热等外,主要能源还是来自化石燃料。估计2100年全球能耗可达约700EJ/年(其中电能约150EJ/年),可能主要仍将来自化石燃料。

然而,化石燃料的储量是很有限的。按已知储量乘2估计,煤可供应约5×10^4EJ,油约1.2×10^4EJ,气约1×10^4EJ,合计约7.2×10^4EJ,按目前耗能速度用不到两百年。此外,煤与油气储量的比例也是不均衡的。煤可再用

200~300年,而油、气是否能再用100年就很难说了。因此,如何为目前主要利用油、气的局部和移动用户找到新的能源就成为当今十分迫切的课题。

地球上现有的化石燃料是在近一亿年的漫长过程中转化和累积形成的,然而只能支持三四百年的"现代工业文明"。从这个角度看,问题的确是十分严重而惊人的。何况还应该看到,现代文明的耗能速度一直在不断加快。据统计,20世纪中人类的耗能总量超过了1900年之前1000年中祖先们的耗能总量,而21世纪人类耗能则可能超过以前人类耗能的总和。

2. 油、气产地分布不均所带来的地缘政治问题

油、气,特别是石油矿藏的分布,至少就已知矿藏而言,是相当不均匀的。中东地区,特别是沙特阿拉伯及其周边四国(伊拉克、科威特、阿联酋、伊朗)拥有约2/3的已知石油储量,而且油质好,开采成本低,成为全球商品石油的主要供应中心。另外,除俄罗斯外,大部分发达国家和重要地区,包括美、日、欧盟和中国、印度等,都无法石油自给,而进口石油的比例均日渐高涨,近年来已达到或不久以后将达到50%以上。日本长期以来几乎完全依靠进口石油;而美国尽管大力提倡降低能耗,进口石油所占的份额已从20世纪70年代中期第一次海湾战争时的28%上升到目前的55%以上。中国在1993年以前是石油净出口国;而目前进口量已超过消耗量的1/3,而且还正在随汽车市场的快速发展而迅速增长。目前中国的人均耗油量还不到美国的1/10,耗油总量占世界的7%~8%;但耗油总量已超过日本而仅次于美国。2000~2003年间世界石油的增产部分中约有35%是中国消耗的,且这一份额仍在不断

增大。

不言而喻,由此引起的以争夺油源供应为核心内容的地缘政治形势必将是十分严峻的。更有甚者,盛产原油的地区多集中在伊斯兰国家,遂使石油资源争夺兼具有宗教和文化冲突的性质,使问题更加复杂化。人类能否足够理智地从全球化角度处理好能源供应问题,将迅速成为人类无可回避且必将深刻影响整个人类社会发展前程的头等大事。未来 50~100 年,将是考验人类是否对本身的发展有足够的理智与自控能力的关键时期。

3. 使用化石燃料所引起的环境问题

由于使用化石燃料而引起的环境问题大致可分为两大类:

首先,由于化石燃料均以碳作为主要成分(或主要成分之一),而 1kg 纯碳完全燃烧后将形成 3.67kg 二氧化碳,燃烧化石燃料所形成的 CO_2 总量极为可观,即使采用含碳较少而含氢较高的油、气等时也是如此。当 CO_2 的生成总量高于同一时期内由于生物质(biomass)总量增加和海洋等吸收而消耗的 CO_2 总量时,就会引起大气中的 CO_2 含量的增高。自工业革命起步以来,大气中 CO_2 含量的不断增长已是不争的事实(见图 1.4)。从 19 世纪初到 20 世纪末,大气中 CO_2 的含量已从大约 280ppm 增高至 370ppm 以上,且在近 50 年内呈现明显加速增长的趋势。

虽然对近年来全球平均温度逐年升高的原因还有不同的看法,例如温度起伏是否由于地球冰河周期或是大气环流变化所引起的,但一般认为这一现象是与大气中 CO_2 含量增高所引起的"温室效应"加强相联系的。而人类加快耗用化石燃料以及森林面积大规模减少,则是使地球上的碳

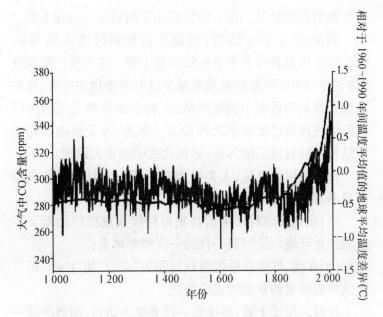

图 1.4 地球平均温度和大气中 CO_2 含量的变化
(波动激烈的曲线表示温度变化)

更多地以大气中 CO_2 形式存在的主要原因。地温及大气中 CO_2 含量的增高可能对某些地区的植物生长有些好处，但居住地温度和海平面提高的前景令人生畏。何况，我们对这些变化将对全球气象变化模式和生物生长模式会有什么影响知之不多，因而不能不十分谨慎而严肃地对待。近年来有人提出要尽量使大气中 CO_2 的含量不超过 400～450ppm，应该看做是值得大力提倡的"缓兵之计"。但 CO_2 的控制涉及全球各地的方方面面，是一个"全球性系统工程"，只有全人类通力协作才有可能奏效。

控制大气中 CO_2 含量的措施不外乎减少化石燃料的消费、或设法吸收或埋藏燃烧化石燃料生成的 CO_2 以及增大生物质总储量等。在下面我们还要回到这一问题上来。

其次,除了 CO_2 以外,燃烧化石燃料时还生成 SO_2,CO,NO_x 以及各种有害有机物和微尘等。在大型产能设备(热、电厂)中有可能较有效地减少这些污染物的排放,而在小型及移动型设备中则较难做到,特别是各种交通器所引起的大气污染已形成世界性公害。因此,改变交通器的能源结构以减轻或消除污染,是现代文明的重大课题。

由上述讨论可见,人类必须在今后一二百年内解决两项最基本的能源问题:

(1)在化石燃料枯竭前找到可持续大规模使用而又不造成严重环境污染的新一代的一次能源体系;

(2)在油、气资源枯竭前找到能为"离网"和"移动"用户提供所需能量的新能源供应形式。

从时间尺度上看,解决后一任务更为迫切,而解决前一问题则从根本意义上讲更重要。不能不指出,对于什么将是未来使用的新一代一次能源,目前并无共识。不论是发展核聚变技术或大规模太阳能利用技术,均有大量高难度的科学技术问题尚待解决,可能还需要一长段"春秋战国时代"(百家争鸣)才能逐渐呈现曙光。在以下几节中我们还将要谈到,对于向"离网"和"移动"用户供给能量将采用什么方式进行,同样是一个有待解决的重大难题。

1.3 "氢能经济"

为了改进现有能源网络结构的不足,不断有人提出"氢能经济"的概念,详见文献[1~4]。Bockris 和 Appleby 等人从 20 世纪六七十年代起,首先系统地提出的设想和基本氢能源网络结构大致如图 1.5 所示。

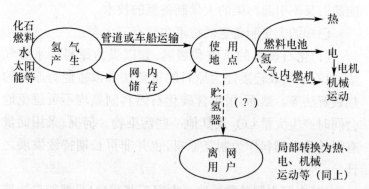

图 1.5　氢能经济的概念

氢能网络的主要优点是：如果在制备氢时不产生污染，则由于在各种用途中反应生成物均为纯水，将全程无污染。换言之，氢能经济将是理想的"绿色能源"体系。显然，这一构想是十分吸引人的。在文献中和各种科普读物中经常看到诸如"氢能是解决人类能源问题的根本途径"之类说法，将氢能看成是解决所有能源问题的"万能救世主"。然而，这类说法并不正确，因为要实现如图 1.5 所示的氢能网络，还必须考虑如下两方面的问题：

首先，虽然地球上并不缺少氢，但几乎全是以化合物形式存在的，其中最主要是水；其次是各种含氢的有机物和生物质。后者从根本上说也是水通过太阳能的光合作用而形成的，已在现代燃料体系中得到一定程度的应用。从这些含氢化合物中制备单质氢不但需要耗费能量，还可能产生污染。换言之，在地球上氢不是如同化石燃料那样可直接开采使用的"一次能源材料"，而只是能源利用过程中能量的"中间载体",或称"二次能源材料"。要实现"氢能经济",必须先具有丰足的"一次能源",同时开发出既能利用"一次能源",又不引起污染的大量制备氢的技术。

已知的大量制备氢的技术主要有三大类：

(1) 化石燃料的重整和裂解,如以煤为原料的水煤气法,以石油气或轻质烃为原料的重整法和以重烃为原料的热裂解法等。然而,采用含碳化石燃料制氢均不可避免地会同时产生大量 CO_2 及其他一些污染物。何况,采用储量有限的化石燃料作为制氢原料,也并非可长期持续发展之计。

(2) 电解水制备氢。这一方案工艺成熟(虽然能量转换效率还有可能进一步提高),然而需要耗用大量电能,因此只有在解决了丰足的"大规模清洁一次能源"后,电解水制氢才有可能得到大规模的应用。

(3) 以水为原料,利用热化学循环制备氢。已知至少有一百多种可能用于制氢的热化学循环[5],但这类方法同样需要消耗大量的"一次能源"。如果有朝一日核聚变能得到有效的大规模利用,则利用反应堆余热和热化学循环将有可能成为大规模制氢的有效途径。

综上所述,从长远角度看,为实现大规模制氢,主要问题可能不是制氢技术本身,而是大规模、可持续、清洁一次能源的供应。由此也可以清楚地看到："氢能经济"的目标并不是解决可持续使用的一次能源,而只是提供清洁高效的二次能源的一种方案。

既然氢能主要是作为二次能源来考虑,就不能不考虑氢能与现有的主要二次能源——电能——比较有什么优缺点,并由此估计在未来的能源结构中氢能和电能可能将如何按照各自的优缺点"各领风骚"。

例如,考虑到制氢时的能量转移效率以及利用氢和燃料电池发电的效率,以及所产生的直流电可能还需转变为交流电才有利于远途输送,因此利用一次能源大规模制氢,然后再大规模利用燃料电池发电的方案似乎并无多少优点。另外,长距离输送氢时能耗高且需大规模新建基础设施,因而输氢并不比输电更有利。何况,对于在线用户,直接使用电比用氢更方便,可能也更安全。因此,很难能以供氢网络大规模地取代现有的电网。可能性较大的则是氢将主要用来取代油、气等化石燃料作为"离网"和"移动"用户的能源,特别是各类交通器的能源。换言之,在未来的能源结构中,电和氢很可能共同成为基本能源的主要中间形式("二次能源")。前者主要用于在线用户,而后者主要用于离网与移动用户(见图1.6)。近日美国能源部长 Abraham

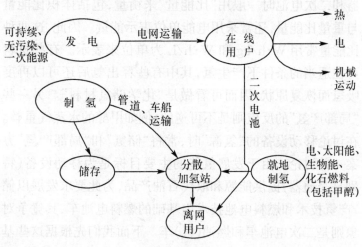

图1.6 电能、氢能联用方案

在清华大学演说时称"氢能源"为"交通能源",似乎为氢能经济作了比较准确的定位。

为了建立氢能网络,还需要解决一系列的"氢能技术",除上面已讨论过的大规模制氢技术外,主要包括储氢技术及燃料电池技术,对此我们将在以下两节中讨论。至于在后化石燃料时代将采用什么样的新一代可持续"一次能源",以及如何利用新一代一次能源高效而尽可能少污染地大规模产生电和氢,则属于更深层次的问题,在本章暂不涉及。

1.4 储氢技术

如前所述,在未来的能源结构中,氢可能主要用作移动用途的能源;因此,如何能轻便地将氢转移到和储存在移动设备中,就成了重大的问题。可以想到,如果储氢器的储能容量低于二次电池,就没有开发氢能的必要了。比较储氢器和二次电池时一般用"比能量"来衡量,包括体积比能量与重量比能量,还常采用电能单位表示能量。因此,这两种比能量常用 $W·h/kg$ 和 $W·h/L$ 为单位来表示。有些材料可在适当的条件下产生氢,其中有些释出氢后还可以再度吸氢而恢复原状,因而可看做是"化学储氢材料"。另一些"局部产氢"的反应则是不可逆的,例如甲醇的水蒸气重整。在讨论移动设备的"氢源"时,常将"储氢"和"局部产氢"方案一并讨论。由于发展氢能的主要目标是为移动设备(特别是交通器)提供能源和取代石油产品,为此要求发展以储/产氢技术和燃料电池技术为基础的燃料电池车,其竞争对象则是二次电池车和燃油(气)车。下面我们先根据这些基本情况来粗略估计对"移动式氢源"的基本要求。

第一章 化学电源选论

现有二次电池体系的比能量大致在 40~150W·h/kg 之间。低端先进二次电池的代表是铅布电池,其比能量约为40~45W·h/kg;而高端的代表是锂二次电池,经精心设计后,其比能量可达 150W·h/kg 以上。

包括储氢设备的燃料电池系统的重量比能量 E(W·h/kg)可按(1.1)式计算:

$$E = \frac{t}{1/P + t/Q} \qquad (1.1)$$

式中:P 为燃料电池堆(包括风机及保温或散热设备等)的重量比功率(W/kg);Q 为储氢设备(包括容器、储氢介质、控压保温元件、管道等)的重量比能量(W·h/kg);t(h)为每次充氢后电池系统的平均工作时间。

在(1.1)式中以典型实用值 $t = 5h$(每次添加燃料后的连续运行时间)及 $P = 250$ 或 500W/kg 代入,则得到 E 随 Q 的变化如图 1.7 所示。由图可见,如果期望燃料电池系

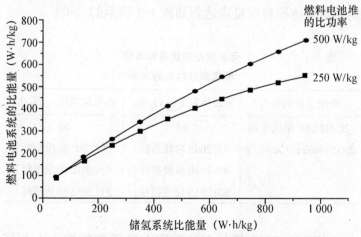

图 1.7 储氢系统比能量对燃料电池系统比能量的影响

统的重量比能量显著优于车用二次电池,即希望燃料电池系统的比能量 E 达到 $250\sim300\mathrm{W\cdot h/kg}$ 以上,则储氢设备的比能量至少应达 $320\sim400\mathrm{W\cdot h/kg}$。

另一方面,在燃料电池中氧化每克氢可释出 $26.8\mathrm{A\cdot h}$ 的电量。若设氢-空气燃料电池的工作电压能达到 $0.75\mathrm{V}$,则每克氢相当于 $20\mathrm{W\cdot h}$ 的电能。因此,储氢设备的重量比能量:

$$Q = wt(\%\mathrm{H}_2)\times 200(\mathrm{W\cdot h/kg}) \qquad (1.2)$$

式中:$wt(\%\mathrm{H}_2)$ 表示储氢设备的重量释氢百分率。按此,上述对储氢设备性能要求的"底线"($320\sim400\mathrm{W\cdot h/kg}$)相当于重量释氢率为 $1.6\%\sim2\%$。从这一角度看,利用现有合金储氢材料构成的储氢设备(合金材料储氢量 $1.5\%\sim1.8\%$,包括容器重量的储氢量为 $1.0\%\sim1.3\%$)组成的氢-空气燃料电池系统,其性能并不显著优于车用二次电池。

近年来美国能源部还一再估算,认为如果希望氢/空气燃料电池车的性能达到现有家用汽车的水平,则储氢设备的重量和体积释氢量应达到如表 1.1 所示的水平:

表 1.1　　储氢设备的重量和体积释氢量应达到的水平

作出估计的年份	重量释氢量(g H$_2$/kg)	体积释氢量(g H$_2$/L)
20 世纪 90 年代中期	65	62
2002(Freedom Car 计划)	45(2005 阶段指标)	36(2005 阶段指标)
	40(2010 阶段指标)	45(2010 阶段指标)
	90(2015 应达指标)	81(2015 应达指标)

由表中可见,2002 年公布的数字在阶段性指标上有所降

低,而最终目标则有所提高。这大致反映了从研制角度看提高储氢量的困难性,以及从实际需要角度看提高储氢量的必要性。这也就是当今发展储氢技术所面临的基本矛盾。

从以上的讨论及各种估算数字可以大致得到如下结论:

(1)若储氢设备的释氢量不能达到 $20g\ H_2/kg(2wt\%)$ 左右,则氢-空气燃料电池与二次电池相比在重量比能量方面并不具有显著优势;

(2)若希望氢-空气燃料电池车达到或可被市场接受的性能水平,则储氢设备的释氢量至少应达 $45\sim60g\ H_2/kg$ $(4.5\sim6wt\%)$;

(3)若希望氢-空气燃料电池真正能满足燃料电池车的需要,则储氢设备的释氢量可能需要高达 $80\sim90g\ H_2/kg$ $(8\sim9wt\%)$。

以上结论主要是根据储氢设备的重量比能量作出的。在实际应用中必须同时考虑重量比能量与体积比能量,因此以上对释氢量的要求条件只是必要条件而非充分条件。若合并考虑体积储氢量,则结果将更复杂一些。下面我们进一步分析现有的以及正在发展的一些释氢方案能在多大程度上满足这些要求,主要考虑的储/释氢方案大致有三大类:

(1)高压或低温下储存单质氢;

(2)固态储/释氢材料(简称储氢材料);

(3)化学释氢(一般为不可逆反应)。

在这三类方案中,用高压或低温法储存单质氢在原理上最简单,但由于氢的分子量小及临界温度低,并不易达到很高的比能量(特别是体积比能量)。例如,液氢的比重为

0.071(20K)，因此即使不计容器的重量，每升液氢也只有71g；又如按理想气体公式计算表明，即使在700atm下，每升(不计容器)气态氢也只有约60g。这些数值大致上也就是高压或低温法储氢的"理论极限"了。目前采用先进复合材料制造的高压氢筒在700atm下的储氢量可达40～45g H_2/kg及20～25g H_2/L，而小型液氢容器有可能约达40g H_2/kg及35g H_2/L，但进一步提高的余地不大，特别是提高体积储氢量更难(单纯考虑重量比能量则是没有意义的。例如，低压氢可用很薄壁的容器来储存，因而具有很高的重量比能量，但却不具有实用价值)。由此可见，这些储存单质氢的方案虽然有希望较快地趋近比能量的近期目标，但几乎没有可能达到远期目标(特别是每升储氢量)。因此，这些也许应看做主要是"解决燃眉之急"的过渡方案。何况，制备高压气体及液氢时的能耗相当可观，从能源利用效率角度看也是不合算的。

在"储氢材料"中氢主要通过占有材料表面上吸附位置或晶格中的空位而被"储"在材料中，同时在气相中形成与之平衡的氢分压。被仔细研究过的储氢材料主要包括两大类：按体相吸收原子氢机理工作的各种"储氢合金"及按表面吸附机理工作的高比表面材料，特别是单壁纳米管(SWNT)等材料。

经过前二三十年的系统工作，已研究了几千种储氢合金[6]。这些研究结果似乎表明：在100℃以下能以可实用速度吸收和释放的可逆储氢量很难超过$2wt\%$。主要障碍似乎是：如果利用过渡金属合金储氢，则由于过渡金属的原子量大多在50以上，而相应于每个金属原子所能吸收的氢原子数很难显著大于一，故这类储氢合金的储氢量很难显

著大于 $2wt\%$；而若采用原子量更轻的 Li, Be, Mg 等碱金属或碱土金属储氢,则由于这类金属原子与氢原子的相互作用较强和释氢反应的活化能较高,氢的释放往往要在 $250\sim300℃$ 以上才能顺畅地进行。至于能否将以上两类金属结合起来(例如 Mg-Ni 合金)组成储氢量较大而工作温度不太高的储氢合金,目前尚未见到有实用价值的研究成果。

高比表面吸附材料上的氢的吸附一般是当做物理吸附来处理的。实验测得,在 77K 下氢在高比表面碳材料上的吸附量约为 $1.5\times10^{-3}\times m^2/g wt\%$(其中 m^2/g 为碳材料的比表面),此值与室温下用电化学方法测出的吸附氢量大约相同,均约等于饱和单层吸附量的 70%。采用各种含有大量纳米尺寸微孔的材料(如纳米碳管和分子筛等)来吸附氢,主要是期望在具有很大曲率半径的微孔内表面上氢分子能与表面有更强的相互作用,因而能达到更高的吸附量(显著超过饱和单层吸附量)。

几年前曾有过若干利用纳米微孔材料,特别是利用单壁纳米碳管测得高储氢量的报道,并曾引起研究热潮与美好的期望。然而,几乎所有这类报道的实验结果均难以在其他人的实验室中重现,其中有些还被明确查明系由于混入杂质所引起的。目前已被确认的纳米微孔材料在室温左右的可逆储氢量一般不超过 $2.5wt\%$。换言之,迄今为止还没有研究结果明确证明:纳米微孔材料具有显著高于常规表面上的储氢能力。然而,研究纳米微孔中氢的吸附仍然是重要的基础课题,对其应用前景也不应仓促作出负面的结论。

由于高压和低温储氢以及利用储氢材料储氢目前已达

到的指标不能令人满意,当今还在开发另一类局部供氢方案——利用氢含量高的化合物在催化剂的作用下一次性释氢,其中研究得最成熟的可能是硼氢化物(BH_4^-盐类)的水解制氢。以$NaBH_4$为例,在碱性溶液中及过渡金属催化剂的作用下可轻易实现如下反应:

$$NaBH_4 + 2H_2O \longrightarrow NaBO_2 + 4H_2 \uparrow \qquad (1.3)$$

反应中不但可释放出BH_4^-中原含有的四个氢原子($2H_2$),还可将水分子中的四个氢原子还原为$2H_2$一并释出。$NaBH_4$的含氢量为10.6%,如按释放四个H_2计算则相当于含氢21%(假设在氢-氧燃料电池中不必另行补充水,因而可以不计其重量,如计入水的重量则相当于含氢10.8%)。以具有实用性的30%$NaBH_4$+3%KOH水溶液为例,每公斤溶液按(1.3)式计算可释放64g氢,相当于每升溶液释氢66g(实际可释氢50g以上),表示按体积计算的供氢量已与液态氢相近。

地球上硼和水的资源并不缺乏。因此,似乎可以设想一种"硼经济",即以硼氢化物作为二次能源材料,通过硼氢盐与硼酸盐之间的循环而实现能量转换。然而,硼氢化物目前的市价还比较贵,而上述释氢反应从热力学角度看属于高度不可逆反应($-\Delta G=319kJ/M$,相当于损失了约25%的反应自由能),因此,不可能加氢使BO_2^-还原为BH_4^-。迄今为止也尚未开发出简易和低成本地将BO_2^-转化为BH_4^-的工艺。然而,可否以及如何使类似上述的反应在能源结构中发挥更重要的作用,似乎仍然是值得进一步认真探索的课题。

可能是受BH_4^-水解反应高效释氢的启示,近年来很重视探索利用B,N,Al等轻元素氢化物作为储/释氢材料的

第一章 化学电源选论

可能性。特别是1997年有报道显示在 Ti,Zr,Fe 等掺杂元素的协助下，$NaAlH_4$ 可在100℃附近可逆地释放和再吸收约 $3.7wt\%$ 的氢[7,8]，该报道引起了轰动。掺杂元素的作用机理似乎是减弱了氢分子的键能和储/释氢反应的活化能。企图利用掺杂元素在轻元素氢化物中找到储/释氢效率更高，而动力学性质更接近实用要求的体系，正在被各国的能源发展计划列为重点课题。世人也正在对可能取得的成果拭目以待。

事实上，氨也应被看做一种储氢材料。过去曾报道过在联氨(N_2H_4)燃料电池中用 N_2H_4（含氢$12.5wt\%$）作燃料，后因 N_2H_4 的价格及毒性等原因而未进一步开发。氨含氢17.6%（重量），因此也应看成是含氢量很高的释氢原料。氨分解后生成含75%氢和25%N_2的混合气体，其中氮对燃料电池而言属完全惰性。氨早已实现大规模工业生产且价廉易得，其催化分解工艺亦高效成熟。液氨的压力不大（≈1MPa），容器重量也相对较轻。若按电动车需储氢5kg估算，理论上只需储液氨21.3kg，在0℃（比重=0.77）时只占36.8L。即使按氢的利用率为50%计算，所需液氨的重量与体积也不超过45kg与80L（未计容器），似乎比绝大多数储氢方案更优越。这一方案存在的问题则是氨分解后生成的混合气中所含残氨对酸性电解质和电化学催化剂的影响。如只能在碱性燃料电池中使用，则其应用价值将受到很大的限制。

由上面简单的综述可见，为移动用户提供轻便的氢源仍然是有待解决的重要氢能技术之一。目前在储氢量及成本指标上名列前茅的仍然是高压容器储氢方案，这也是当今大部分燃料电池示范车选用的基本储氢方案。然而，由于采用这一方案并不能满足燃料电池车的基本要求,特别是远期要求,而这一方案又几乎不具有进一步显著提高其性能指标的前景,因此各种旨在进一步提高储氢量的新方案正在热烈而急切地被广泛讨论和研究。最终能否达到 $70\sim 90 g\ H_2/kg$ 还难以预言,但达到 $50\sim 60 g\ H_2/kg$ 应有可能。目前最有希望的方案似乎是轻元素氢化物催化储/释氢。事实上,若仔细考察元素周期表,也可以发现从储/释氢角度看这也几乎是周期表中惟一值得进一步系统探索的元素板块了。

1.5 质子膜燃料电池技术的发展状况与存在的问题

虽然近年来熔融碳酸盐燃料电池技术和固体氧化物燃料电池技术也取得了显著的进展,但大家最注目的仍然是可能对未来交通器起关键作用的质子膜燃料电池。几乎所有的经济大国和重要经济地区都提出了发展质子膜燃料电池车的中、长期规划;各大跨国汽车制造集团也几乎无一例外地将发展燃料电池车列入重要的研制开发计划。近十余年来,这些活动每年投入以亿美元计的经费,开发出大大小小、形形色色的(包括业余爱好者在后院组装的)各种燃料电池车,每年在各种汽车或电动车展上展出和进行各种示范表演,形成一道亮丽的风景线,令人眼花缭乱,目不暇接。本节中无法系统地一一介绍。

应该看到,质子膜燃料电池技术确已取得重大的进展和已达到较高的水平。作为标志性成果可以举出如下一些:

(1) 作为当代车用燃料电池组水平标志的 Ballard MK-902 燃料电池组,其额定功率为 85kW(约折合 114 马力),重 96kg,体积为 75L。这些指标均已基本达到车用要求。

(2) 若干型号的质子膜燃料电池示范车已成功地和基本无故障地从美国西海岸行驶到东海岸。

(3) 固定型质子膜燃料电池发电设备当以恒定负荷工作时已达到几万小时的工作寿命。

然而,同时也必须看到还存在一些重大的技术难题,以致普遍估计燃料电池车可能还要几个十年时间才有可能实现大规模产业化生产。除了储/产氢装置的重量及/或体积尚达不到车用要求外(详见上节),最大的难点看来还在于如何大幅度降低电池组成本(美国能源部提出的燃料电池堆的价格指标为 45 美元/kW)与提高车用电池组的工作寿命。

质子膜燃料电池组的制造成本高是各项电池制造技术成本的综合表现,包括贵金属催化剂的资源与成本,全氟质子交换膜和碳纸的市场价格,双极板和流场制造费用,前期研究开发费用的分摊和估计高昂的售后服务费用,等等。

若干年来,人们虽有质子膜燃料电池制造成本高的概念,但似乎并不具体。小型(千瓦级)燃料电池组一直在逐个的以每千瓦 4 000~10 000 美元的价格出售,但对几十千瓦级的车用电池组的制造成本到底有多高,就不太清楚了。近来在一系列报道中对"车用燃料电池组到底有多贵"有了较明确的"说法"。2003 年春,日本本田公司燃料电池车开发项目的负责人宣布所开发的 FCX 型燃料电池车将按原计划在 2003 年末或 2004 年初提供,但每年生产量将是"个位数",并提出除非能将制造成本降低到现在的百分之一,否则不会大量生产燃料电池车。据估算,每辆FCX型燃料电池车的制造成本在300万美元左右,其中采用的Ballard燃料电池组的价格在百万美元以上。此后在不止一条"网上消息"中,也一再将车用燃料电池组的价格估计为"超过百万美元",甚至有人较精确地估计为"130～150万美元之间"。同时,并未发现对此有反驳性的意见。

  姑且不论这些估计的准确性如何,以及其中分摊了多少研究开发经费和包括了多少预计很高的售后服务费用,不能回避的事实是每组车用燃料电池组的售价竟然高达约近百辆小轿车的售价。也就是说,目前燃料电池组售价与可被接受的售价两者之间相差约两个数量级。这一差别肯定不能只靠大规模商品化生产来消除。因此,在最终将车用燃料电池组投入实用前,必然还将经历一段艰苦的,目的在于大幅度降低制造成本的研究开发阶段,其中必将涉及一批关键核心技术的革新,包括交换膜、催化剂、电极/膜结合体(MEA)、双极板和流场制造及组装工艺等的重大改革,为此可能需几十亿美元与至少一二十年的时间。

  当前车用燃料电池组存在的另一重大不足之处是在汽车行驶的工作状态下电池的寿命不长。对此过去曾屡有传言,但也缺乏明确的"说法"。不久前EV World网站负责人与Ballard公司负责人反复联系,终于从后者处讨得了比较明确的"说法",即该公司出品的MK-900系列车用燃料电池组的设计寿命为1 500～2 000h,前提是"两三年内"和"空气中无严重损害催化剂活性的污染物"[9]。显然,这些指标与车用内燃机的工作寿命($10～15$年,运行5 000～10 000h)相比有极显著的差距。

  为何以恒定负荷发电的燃料电池组能有几万小时的工

作寿命,而车用燃料电池组却如此易于夭折?目前较普遍的看法是问题可能主要出自两方面:其一是当燃料电池组的负荷不断变化(包括频繁的启动和停止运行)时,膜的温度、湿度和所受到的机械压力等也随之不断变化,易引起膜的机械疲劳和变形,甚至破裂。其二是当电池以较大的电流密度和在较大的极化下工作时,氧能在正极(阴极)上基本按四电子机理还原为水;而若电池停止输出电流("开路")或以较小的电流密度工作时,则由于正极极化较小会产生过氧化氢(H_2O_2),后者能破坏交换膜(引起"脱氟")以及正、负极催化剂层与膜的结合,造成电池性能的衰退。经验表明:若质子交换膜的含氟量降低 20%~25%,则电池寿命大致终结。除了"开路"和低负荷工作以外,电池中局部气流不畅也会引起局部电流密度减小和正极极化减少,并因此导致局部生成过氧化氢。此外,当电池堆在开路条件下搁置时,催化剂和结构材料中的某些组分还可能因腐蚀而转移至交换膜内,造成后者的导电性变劣和电池输出电流时膜内 IR 降增大。

还需要指出,企图同时解决上述两大类问题时会出现一些矛盾。例如,为了降低制造成本可能要考虑采用含氟较少的膜,而后者对过氧化氢的耐受能力可能更差;为了防止出现过氧化氢可能需要对催化剂与流场设计提出更高的要求,而这样做又会增加制造成本。

综上所述,作为氢能经济两大技术支柱之一的车用燃料电池技术,与氢移动储存/产生技术一样,迄今还不够成熟。科学家、工程技术人员和技术官员们正在奋力合作,企图再通过一二十年的努力,能将这两大"氢能技术"推进到更接近实用的阶段。

1.6 氢能技术的发展阶段与"过渡技术"

由前几节可以看出,由于未来基于非化石燃料的可持续、无污染、大规模一次能源的供应方案尚待确立,以及主要的氢能技术也还不够成熟,氢能经济不可能在短期内实现。更可能的情况是氢能经济将在未来百年左右的时间内逐渐分阶段实现,其间除研究和开发前述的一些氢能技术外,还将涉及一系列的"过渡性技术",主要包括混合电动车技术、煤清洁制氢技术和分散加氢站技术。

混合电动车(HEV)是内燃机汽车与电池车的"混合",在启动及低速行驶时以车载二次电池组为主要动力,在高速行驶时则以内燃机为主要动力并适当地为车载二次电池组充电,而在需瞬间大功率时二者联合出力。这种技术耗油较低,主要适用于石油资源逐渐紧缺的时代,同时可以降低燃油的污染。近年试生产混合车的经验证明,这类交通器的制造成本有可能做到接近或仅略高于内燃机汽车,因此在价格上是可以被接受的(如果工作寿命不显著低于内燃机汽车的话)。用来实现混合车的主要技术包括高性能内燃机技术、高性能动力型二次电池技术和灵活调控二者的"接口技术"。实现这些技术虽然并不容易,但并不存在"不可跨越"的困难。近年来武汉市 510 线公交车正在试运行由东风电动汽车公司生产的混合型公交车(见图 1.8),情况尚属正常,据称可节油 30% 左右。然而,混合车也并非没有竞争对手。例如,柴油内燃机汽车技术、氢内燃机技术、可变排量技术等都在与混合车技术争夺发展市场。从目前形势来看,混合车的发展仍占上风。

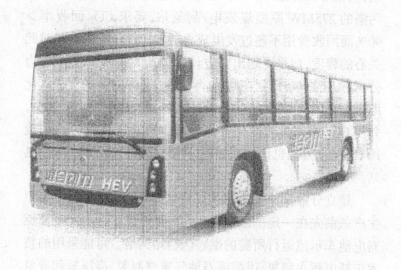

图1.8 东风混合动力公交车

还值得附带提出：由于混合车中利用动力型二次电池显著提高动力系统暂态响应性能的成功经验，近年来在燃料电池车中也几乎无一例外地采用二次电池作为辅助动力，并取得了同样的成功。当今燃料电池车(FCEV)的发展主流已是燃料电池混合车(FCHEV)。换言之，"混合动力"概念的应用已超出内燃机与二次电池的混合，而成为设计新型车用动力系统时经常考虑的方案之一。

清洁煤制氢技术可能将是在石油匮乏后和新一代的一次能源体系建立前实现氢能经济的关键技术，其中心问题是污染防治，特别是超量 CO_2 的收集、埋藏。实现这一目标所需涉及的技术并不特别高深，问题在于如何实现低成本和超大规模的生产。美国在 2003 年提出 Future Gen 计划,其主要目标是"用十年时间、十亿美元建立基本不产生污染的 275MW 原型煤发电/制氢站,要求 CO_2 回收率>90%而回收费用不超过发电成本的 10%"。美国民间对此关心的程度,似乎更超出官方计划。2004 年 9 月美国电力公司(AEP)宣布计划在 2010 年建立 1 000MW 的集成气化混合循环(IGCC)电站,可使固体燃料的利用率接近 70%,并使 CO_2 回收大为简化且显著减少有害气体的排放。美国 Cinergy 公司也计划在 2010 年建立 500MW 的 IGCC 电站。

建立分散型加氢站的主要目的是:在实现大规模集中生产氢前先在一定的区域内建立一批足以保证一定规模燃料电池示范运行所需的燃料(氢)站网络。可能采用的技术包括电解水制氢、甲醇或石油气重整制氢、高压氢和液氢制备等,主要技术要求是氢必须有足够高的纯度,能满足燃料电池的需要。目前在日本、西欧和美国都正在建设一批分散加氢站,其规模大多不超过 $50\sim100Nm^3/h$(只相当每小时生产百余标准钢瓶氢),可见主要是试验性的而非以实用为主,只能满足近期可能在一定区域内试运行的少量燃料电车的需要。

总结前述,包括上述"过渡技术"的发展,可以设想氢能经济将按下列时间顺序分阶段地发展:

(1)今后 $10\sim20$ 年内将首先推广混合电动车,借以显著减少汽车的石油耗量与 CO_2 排量(各减少 30%~50%),并大幅度降低燃油引起的 CO_2,NO_x 及粉尘等的污染。

(2)用 $20\sim40$ 年时间基本解决燃料电池产业化生产和车上储氢问题,同时逐步扩展分散加氢站网络,使更多的燃料电池车得以上路,以进一步降低油耗及燃料引起的污染。

此外,争取同时或稍后掌握清洁的大规模煤制氢技术,大幅度降低对石油的依赖与开始试图减慢地球的变暖速度。

(3)争取用 50~200 年(?)时间初步建立不依赖化石燃料的新一代大规模、可持续、无污染的一次能源供应方案和相关的发电/制氢技术,逐步进入环境友好的"氢能/电能联用"时代。

然而,并不能肯定能源结构和能源网络必然按上述模式发展。首先,对于将来会采用什么可持续发展的新一代一次能源,目前并无定论,而不同的一次能源供应方案将决定与其相适应的二次能源方案。其次,氢能也并非是可用来取代石油的二次能源的惟一选择。至少还可以设想其他两种可能性:

(1)如果能开发出比目前锂离子电池性能高出一倍以上(400~500W·h/kg)的低成本、长寿命二次电池,则可以完全取代氢能技术。如果在二次电池的生产和回收中能避免污染,二次电池技术就会是"绿色"的。制造二次电池所需的资源可循环使用,因此二次电池技术应看做是"可持续发展"的。

(2)利用太阳能生成的生物质(bio-mass)为原料制成的"生物燃料"(bio-fuel),例如生物柴油、生物酒精等,都有可能用作"代石油燃料"。由于生成这类燃料时消耗了大气中的 CO_2,采用这类燃料不会引起大气中 CO_2 含量的净升高。然而初步估算表明,由于光合作用效率不高(太阳能利用率不足 1%),且生成生物质时还需消耗大量的水,生物燃料似乎不太可能在车用燃料中占有很大的份额。

由此可见,氢能经济和氢能技术也并不是"皇帝的女儿不愁嫁"。可以设想,在未来的年代中,氢能技术、高性能二次电池技术及生物燃料技术将竞争发展。从目前的发展趋势看,氢能技术还处在比较有利的位置,但也不一定能保证最后取胜。将来是否会出现一位"秦始皇"或"汉高祖"来统一"诸子百家"？还是"二次能源多样性"的局面将较长期存在？这些目前都还难以预测。

1.7 二次化学电源在能源结构中的重要位置

从前面的讨论中可以看出,二次电池是为了满足"储电"和"为移动用户提供能量"而设计和发展的；然而,由于其性能(特别是重量比能量)有一定限制,尚不能完全满足移动用户的需求。如果不是这样,也就不需要发展氢能技术或是其他的可移动二次能源技术了。

然而,也不应认为二次化学电源在能源结构中只能屈居于无足轻重的地位。事实上,不论将来能源结构如何发展,二次电池都会在其中占有重要的、不可取代的地位。根据形势的可能发展,可以设想如下一些可能发生的情况：

(1) 如果能开发出高性能二次电池,则几乎可取代全部氢能技术(见前节)。这可看做是二次电池发展可能达到的"最高境界"。

(2) 即使不能实现上一条,但只要混合车或/及燃料电池混合车能实用化,即为了应付峰值负荷在车用动力系统中将采用高性能的"动力型二次电池"作为辅助能源,也将会使二次电池在交通能源结构中占有事实上与内燃机或/及车用燃料电池组"平起平坐"的重要位置,并肯定将成为二次电池开发和生产的巨大推动力。

(3) 如果作较悲观的估计,认为由于油品匮乏或其他原因将使混合车无法推广,而燃料电池车也将由于制造成本和电池性能等原因而难以被接受,则也可能出现由性能较低但不需燃油的二次电池和各种由煤、天然气和生物质制得的液体燃料竞争支撑交通能源市场的局面。虽然更多地依靠水平较低的电池车的局面并非我们所期望,但若与历史上曾因为缺油而采用过的"煤气车"或"木炭车"等相比较,仍将可视为较佳选择。

至于二次电池(包括可能开发成功的 DMFC,DBFC 等液体燃料电池)在小功率可移动电源领域中的优势,则已是不争的事实,在可预见的将来也不会有什么变化。但是,小型二次电池性能的发展不能跟上电子器件微型化的发展,也是无可回避的事实。

由此可见,在未来的能源结构中二次电池将是不可能被"打倒出局"的。至于以上三种可能出现的情况中究竟将出现哪一种,以及小型电池的发展能否更好地满足微电子产品的发展要求,则在很大程度上将取决于二次电池技术的发展。可以肯定的是:无论如何,化学电源工作者都没有理由在燃料电池等氢能技术面前自卑,而是应奋力争取二次电池能在未来的能源结构中占有更多的份额!谨以此言作为第一章的结尾,期望借以唤起读者对以下几章中主要讨论的化学电源科学的兴趣。

参 考 文 献

[1] S. Duun, Inter. J. Hydrogen Energy, 2002, 27:235

[2] J. O'M. Bockris, Inter. J. Hydrogen Energe, 2003, 28:131

[3] V. Smil. Energy at the Crossroad. MIT Press, 2003

[4] J.J. Romm. The Hype about Hydrogen. Island Press, 2004

[5] L.C. Brown, et al.. AIChE 2002 Spring Meeting (March, 2002),可由http://www.aiche.org下载.

[6] 雷永泉主编. 新能源材料. 天津大学出版社,2002.第二章.

[7] B. Bogdanovic and M. Schwickardi. J. Alloys & Compound, 1997, 253:1

[8] J.A. Ritter, et al.. Materials Today, Sept. 2003:18

[9] EV World, Update Edition, 2004, 4(11)

第二章
高比能化学电池体系

2.1 泛论化学电池的比能量

现代物质文明所涉及的各种设备按所需要的能源大致可分成两大类：

(1) 设备可直接由中央发电站或中央供热系统供应能源，因此本身不需要包括能源发生设备。大部分固定设备均属此类；电气机车、城市电车等移动设备亦属此类。

(2) 大多数移动设备则需要"自备能源"。小至电子手表、手机、助听器、笔记本电脑、数码相机等，大至汽车、飞机、舰艇，均需要自己产生电能或机械能。某些不能与中央供能网络联结的边远或孤立地区也需要自行产生能量。至于究竟采用什么"原始燃料"（包括化石燃料、核燃料与太阳能等），以及采用什么形式的"发动机"或"发电机"，当然要考虑经济性，包括设备投资、燃料价格、使用年限等。然而，对于大部分移动设备，最重要的是能源部分必须轻巧和尽可能提供多一些能量。用专业语言来说，就是能源设备应具有足够高的"比能量"。"比能量"的定义是单位重量或单位体积能源装置所能够提供的能量,分别称为"重量比能量"或"体积比能量",其单位常用"瓦时/公斤"、"马力·小时/公斤"或"瓦·时/升"、"马力·小时/升"等。

决定能源装置重量比能量的基本因素是不包括燃料的"能源设备自重"、所携带燃料的重量与比能量,及补充一次燃料后的工作时间:

$$重量比能量\ E(\mathrm{W\cdot h/kg}) = \frac{输出功率\ P(\mathrm{W}) \times 工作时间\ t(\mathrm{h})}{能源设备自重\ w_1(\mathrm{kg}) + 耗用燃料重量\ w_2(\mathrm{kg})}$$

(2.1)

图 2.1 示意表示各类能源装置的重量比能量与工作时间之间的关系。其中太阳电池和核电源的"燃料重量"与设备自重相比可以忽略,设备的工作寿命又长,因此重量比能量与工作时间成正比,在图 2.1 中二者之间呈线性关系。对于内燃机和燃料电池之类的能源装置,若工作时间很短则重量主要是设备自重,因此重量比能量与工作时间成正比;但若工作时间足够长则变为以燃料的重量为主,因而整个能源装置的比能量主要由燃料的实际比能量所决定,在图 2.1 中表现为水平段。对于各种电化学电源,由于能源设备(电池外壳、集流器、电解质等)与"燃料"(电活性物质)合为一体,w_1 与 w_2 大致成正比,因此工作时间长短对电池比能量影响不大。然而,当工作时间很短时,电池以较大功率和较高电流密度放电,致使电池的输出电压降低,同时活性物质的利用率也较低,故比能量略有下降;当使用时间太长时,由于电池内部的自放电损耗,也会导致比能量下降。

第二章 化学电源选论

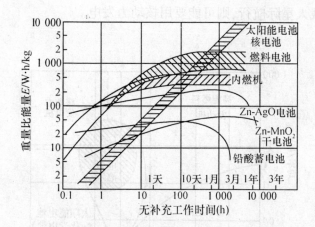

图 2.1 各类能源装置比能量与工作时间的关系

根据图 2.1 中能源系统比能量曲线的高低,可以判别当所要求的设备工作时间不同时,应分别选用什么类型的能源系统。例如,若工作时间不超过几十分钟,则选用高比能化学电池往往最有利;而若无补充工作时间要持续半年以上,则太阳能电池和核电池可能是最轻便的能源系统。根据这一原则,并考虑设计制造不同功率电源系统的难易及其他一些因素,可以估计各种移动式能源系统的适用范围。图 2.2 是根据这些原理绘制的各种能源系统在航天和导弹领域中的适用范围,其主要着眼点在高比能量和高可靠性,而对价格则不多考虑。由图中可见:发射用主要动力源(高功率、短时间)要采用高能燃料发动机,而发射用辅助电源(功率不大,工作时间短)则宜采用高比能化学电池;载人登月飞船和航天飞机用电源(几天至几周,功率几千瓦)可用燃料电池;通信卫星及无人行星探测器(几年,功率几十瓦至几千瓦)宜用太阳能电池或核电池供电;对于拟议中的载人星际航行,则可能要用核动力发电。

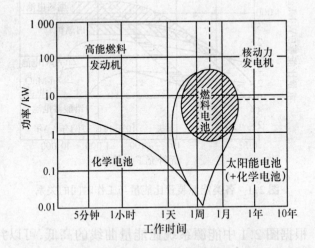

图 2.2　各种航天和导弹能源的适用范围

在其他应用领域中,移动设备选用能源系统的基本原则亦大致与图 2.2 相近。对于那些工作时间不太长而功率要求相对不太高的场合(即相当于图 2.2 中左下方),往往优先选用化学电池,包括工作时间仅十分钟左右而功率达百千瓦以上的鱼雷电池、功率为几十瓦工作几小时的笔记本电脑电池以及功率更低而使用时间更长的电子手表和起搏器电池等。由于化学电源结构简单和易于小型化,在低功率输出或输出总能量较低的场合中,化学电源的比能量往往高于其他类型的能源系统。

近年来由于微电子技术的迅猛发展,移动型设备的功能愈来愈复杂而体积、重量愈来愈小。例如,个人电脑用芯片的功能平均每 18 个月增长一倍(所谓"穆尔定律")。因此,对化学电池比能量的要求也愈来愈高。不能不承认:化学电池比能量的增长速度无法跟上微电子芯片功能的增长速度。这一情况一方面迫使移动式设备趋向"节能化",并淘汰某些不能适应这一趋势的产品(如早期采用发光管显示的电子手表);另一方面,高比能电池的研究开发受到极大的重视,成为当今高科技发展的热点之一。

化学电池原理是伏打在二百多年前(1799年)发现的。经典的实用电池如铅蓄电池(1859年)、干式(1866年)和湿式(1888年)锌-二氧化锰电池及镍-镉和镍-铁蓄电池(1908~1909年)等也都有百年左右的历史。然而,新型高比能电池的不断出现与迅速发展则主要是近几十年内的事。

就一次电池而言,传统的 Leclanche 式"干电池"(近中性锌-二氧化锰电池)的比能量只有 25~30W·h/kg;采用电解二氧化锰后则达到 50~60W·h/kg 和 140W·h/L,几乎增大了一倍。20世纪50年代开始商品化的碱性锌-二氧化锰电池如今已达到 95~100W·h/kg 及 250W·h/L,又提高了近一倍。70年代开始出现的锂一次电池的性能更为优越,其中锂-二氧化锰电池的比能量达到 250W·h/kg 和 600W·h/L,比碱性锌锰电池又提高两倍以上;而小功率锂-亚硫酰氯电池则达到 400W·h/kg 和 900~1 000W·h/L,更比锂锰电池高出近一倍。简言之,20世纪中期以来一次电池的比能量几乎以每十年左右翻一番的速度不断跃进,从传统的锌锰干电池到锂-亚硫酰氯电池,比能量指标提高了 15~20倍。这些一次电池中,碱性锌锰电池是应用得最广泛的高比能一次电池,而锂锰电池是综合性能最优秀的低功率一次电池。锂-亚硫酰氯电池的比能量更高,但由于尚存在一些安全性问题,主要还只用于小功率用途。

二次电池的传统商品是铅蓄电池和镍镉电池,二三十年前它们的比能量都只有约 30W·h/kg 和 80W·h/L。当今二次电池(以 AA 型二次电池为例,锂离子电池为 18650 型)的主要性能见表 2.1。

表2.1　　　　二次电池的主要性能

电池类型	W·h/kg	W·h/L	W/kg	电池容量及电压 mA·h/V
Ni-Cd	45~50	150	80~150	700~800/1.2
Pb 蓄电池(新结构)	≈50	100	150~200	(无 AA 型商品)
Ni-MH	70~85	200~280	>300	1 400~2 000/1.2
Li 离子电池	150	500	200~300	2 200~2 500/3.6
(碱性锌锰)	100	250	60~80	2 000/1.4

为了比较,表中也列入了碱性锌锰一次电池的性能。由表中可见,一些传统二次电池(如镍-镉电池和铅蓄电池)的比能量有了显著的提高,而新型二次电池如镍-金属氢化物电池(以下简称镍氢电池)和锂离子电池的比能量则已接近或超过最常用的高比能一次电池——碱锰电池。从这一角度看,高比能二次电池的进展更令人注目。镍氢电池中主要采用储氢合金代替传统镍-镉电池中的镉,使电池的比能量提高近 50%,并成为无公害的"绿色电池"。锂离子电池中的正负极分别采用两种锂离子嵌入和脱嵌电位相差 3~4V 的材料。电池充放电时锂离子在两种材料之间反复转移。充电时锂离子由正极材料中转移至负极材料中,其能级提高借以储存能量,放电时则反向移动并释放电能。

然而,一次和二次高比能电池已取得的进展到底能在多大程度上满足现代移动设备对电源的需求呢？答案是"成就与不足并存"：

对于某些用途，例如，电子手表和"傻瓜"相机，采用锂锰一次电池后手表可以使用十年以上而相机可拍摄（包括适当使用闪光及卷片）数十卷胶片，已能基本满足需求。近年来发展迅猛的数码相机则多采用锂离子电池或高容量镍氢等二次电池。

对于另一些要求较高的用途，如笔记本电脑和移动式电话，采用新型二次电池后情况也有一定改善。例如，十余年前功能较低而耗电也较低的旧式笔记本电脑以镍-镉电池为电源时，只能连续工作 $2\sim 3h$，而当今采用高性能锂电池后功率更大的笔记本电脑已能工作 $4\sim 5h$ 以上。然而，对于那些要求更高的用途，如带有"去纤"功能的心脏起搏器、某些高功率电动工具等，则现在的高比能电池体系尚难以完全满足其需要。

特别值得一提的是近年来各国均在大力发展电动汽车，所需用的二次电池组应同时具备高比能、高输出功率、寿命长和价格低等特点。由于在电动汽车中电池组的竞争对手是传统车辆中的内燃机，实际上是要求电池兼具有化石燃料的高比能量与内燃机的高比功率。对此，现有高比能电池还不能满足需要。图 2.3 中示意表示电动汽车对电源系统比能量与比功率的要求，以及各种电源体系的性能范围。图中两辆小汽车的位置分别表示发展电动汽车中期指标（充电后能行驶 $200\sim 250km$）和长期指标（能行驶 $500km$ 以上）对电源体系的要求。由图中可见，镍氢和锂离子电池通过进一步发展可能会基本满足发展电动汽车中期发展指标的需求（虽然设计和研制大型车用电池组还存在许多问题);而为了满足长期发展指标,还需要研究和开发比能量更高的体系。

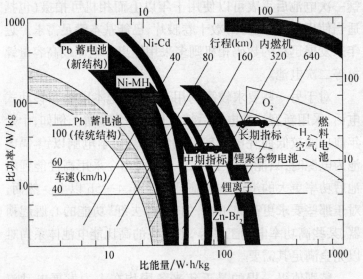

图 2.3 电动汽车对电源的要求

为了发展比能量更高的电化学能源体系,借以更好地满足科技进步的需要,有必要系统分析电化学能源的发展潜力,并从中找出高比能电池的可能发展方向。

根据法拉第定律、能斯特公式及各种电池反应的标准反应自由能数据,可以计算得到一些典型电化学能源体系的"理论比能量"(即按平衡电位及只考虑参加电化学反应的"电活性"物质的重量时计算得到的比能量)。计算公式采用:

$$E^0_{平}(标准平衡电势,V) = -\frac{\Delta G^0_{生成}(kJ \cdot mol^{-1})}{n \cdot 96.5} \quad (2.2)$$

$$\text{理论比能量}(W \cdot h/kg) = \frac{E_{平}^0 \times 26\,800}{\sum \text{电化当量}(g)} \quad (2.3)$$

式中:$\Delta G_{生成}^0$ 为电池反应涉及的标准生成自由能变化(用 kJ 表示);n 为电池反应中涉及的电子数;"$\sum$ 电化当量"为产生 1 法拉第电量(96 500 C)所耗用反应物的总量。

在文献[1],[2]中可以找到不少电化学活性物质的 $\Delta G_{生成}^0$ 数据,据此可按(2.2)和(2.3)式计算电池的标准电势及理论比能量。例如,锌汞电池的反应式为 Zn + HgO ——→ ZnO + Hg。根据手册中查出 ZnO 和 HgO 的 $\Delta G_{生成}^0$ 分别为 -326.6 和 -58.5 kJ·mol^{-1},代入(2.2)和(2.3)式并设 $n=2$ 后得到 $E_{平}^0 = 1.39$ V 和理论比能量为 132 W·h/kg,前者与实际电池的开路电压基本相同。

然而,在许多场合下,计算电池体系的标准电势与理论比能量并非易事。这主要是不一定能正确写出符合实际情况的反应物分子式、反应式和反应中涉及的电子数。以 Ni-Cd 电池为例:若将电池反应写成 $2Ni(OH)_2 + Cd(OH)_2$ ——→ $2Ni(OH)_3 + Cd$,则在将有关数据代入后可以得 $E_{平}^0 = 1.52$ V,此值显然大于实际 Ni-Cd 电池的开路电势。在这里我们所犯的主要错误可能是正极的充电产物并非 $Ni(OH)_3$ 或 NiOOH,而是 NiOOH 与 NiO_2 之间的 Ni 的平均价态在 +3 与 +4 之间的镍的氧化物。此外,$Ni(OH)_2$ 的 $\Delta G_{生成}^0$ 还与其晶型有关。

实际电池的比能量往往只有理论比能量的 1/3~1/4。这主要是由于不直接参加电池反应的各种结构材料(如电池壳,引流元件和导电组分等)以及电解质和隔膜等重量的加和往往显著高于电极活性物质的重量。引起实际电池比能量下降的另一类原因是电池放电时出现的极化现象(使电池工作电压和输出能量降低)，以及活性物质的利用效率显著低于100%。换言之，对于确定的电化学体系，总还是留有不少可通过工艺设计改进实际比能量的空间。选用振实密度高的粉末材料和加大成形压力往往能显著增大活性物的填充量。近年来AA型镍氢电池的放电容量已由1 100~1 400mA·h大幅提升到2 000mA·h以上，这就是一个明显的例子。采用塑料或轻质合金外壳能显著改善某些电池的比能量，而采用双极性(bi-polar)结构是提高组合电池比能量的有效方法。根据对电池的使用要求调节活性物质的粒度和粉末电极的孔率与导电性，则是改善活性物质利用率的基本措施，对此我们将在以下有关多孔电极的一章中加以讨论。

在图2.4中列出迄今已考虑过用来设计化学电池的一些体系的$E_平^0$和理论比能量。图中显示，各种典型电池体系大致分别属于三个不同的"板块"：

(1)在图2.4中左下角用斜线标出的一块中，电池体系的理论比能量不超过500W·h/kg，平衡电池电压不超过2V，常见的各种水溶液电池均属此板块。

(2)图2.4左上方一块主要由各种锂电池及部分金属-空气电池组成，其理论比能量从700~1 000W·h/kg起到6 000W·h/kg以上。其中锂-氟电池的平衡电压高达6.06V而理论比能量达6 260W·h/kg，似乎是电化学能源的"上限"了。

(3)在图2.4中还用插图形式标出了理论比能量更高的一族电化学电池体系。这些体系由于涉及气态活性物质，需要按燃料电池或空气电池的方式工作。

在设计实际电池时还需要考虑活性物质的电化学动力

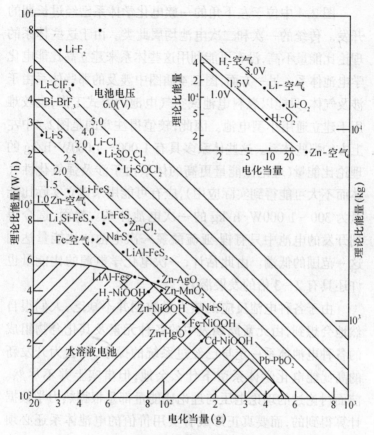

图2.4 各类电化学电池的理论比能量

学性质,包括能在什么温度范围内以多大的电流密度放电,以及能否多次充放电而保持容量基本不变等。例如,锌-二氧化锰体系的比能量不算太低,且具资源丰富及对环境无害等优点,但两个电极的充电性能均不佳,因此很难用来建立二次电池;又如锂-二氧化锰体系的比能量很高,却不能以较大电流密度放电。

图 2.4 中位于左下角的一族电化学体系已经过长期的开发。传统的一次和二次电池均属此类。由于这些体系的理论比能量不高,没有可能利用这些体系来建立高比能电化学电池体系。另一方面,图 2.4 插图中涉及的那些体系由于涉及气体,只能以燃料电池或空气电池的方式工作,也较难用于建立通用小型电池。因此,较值得注意的是图 2.4 中左上方的那些体系。这些体系多具有 1 000~4 000W·h/kg 的理论比能量(理论比能量更高的体系由于涉及强氧化性气体而不大可能得到实际应用),应有可能用来建立实际比能量为 300~1 000W·h/kg 的一次电池体系。然而,迄今得到开发的电池中只有锂-亚硫酰氯一次电池的比能量达到这一范围的低端。由此估计,一次电化学电源的比能量也许还具有 2~3 倍的发展潜力。

由于各种电池反应的热力学数据并不缺乏,人们很自然地会想到,由元素周期表中的各种元素及其化合物组成的各种电池体系一定早已经过系统的探索,不会为开发新的高比能电化学体系留下什么余地;但事实上并不尽然。前面讨论过的理论电压与理论比能量都是根据热力学数据计算得到的,而要真正形成有实用价值的电池体系还必须这些反应能在实际工作条件下以较高的反应速度进行,而且实现电池反应时伴随发生的电化学极化不可太大。因此,有相当数量的电化学体系虽然反应自由能($-\Delta G_{反应}$)较高,却由于动力学限制而很难用来建立高能电池体系。图 2.4 中列出的大多是一些已由实践证明可以用于设计电池的体系;而另一些反应自由能较高且电化当量也较低的体系,由于我们所掌握的知识与技术所限,迄今还不能用于制备电池。这些具有形成高比能电池体系潜力而又由于种种(主要是动力学)原因迄今尚未被开发成电池的体系,正是开发高能电池的希望所在[3,4]。作为动力学障碍的例子可以举出下列一些:

(1)某些电极表面上存在很高的反应壁垒(例如,在电解质溶液中电极表面处于电化学钝态);

(2)某些活性小分子的电氧化需要特殊高效的"电催化剂";

(3)某些参加电池反应的粒子品种缺乏足够通畅的离子通道或/和电子导电性,等等。

综合说来,提高电池的比能量主要通过两方面进行:

一方面,已经开发成实用电池的那些体系大多仍具有一定进一步"高比能化"或"高功率化"的潜力。通过提高活性物质的载量和利用效率,降低电化学极化,减少辅助元件的重量,以及研究适用于高功率输出的电极的极化机理与设计原理,和探讨高倍率充放电时电池的安全性和工作寿命问题,仍然是改进电池性能的十分重要的途径。事实上,这些也往往是较易收得实效的措施。

另一方面,开发全新的高能电池体系,则是取得重大突破的主要途径。然而,克服那些迄今未能得到实际应用的高能电池体系反应时涉及的动力学障碍和安全性障碍也绝非易事,必须有"从基础做起"和"十年磨一剑"的精神才有希望获得成功。

2.2 高比能负极材料纵论

已在化学电源(包括燃料电池)中较广泛用作负极活性物质的材料主要有下列一些(表2.2):

表 2.2

负极材料	Li	Mg	Al	Zn	Pb	Fe	H_2	MH	Cd
标准电势[1]V	≈-2[3]	-1.95 (中性)	-1.54 (中性)	-0.41 (碱性)	-0.36 (硫酸中)	-0.05 (碱性)	0.0	≈0.0 (碱性)	+0.02 (碱性)
电化学当量	7	12.1	9	32.7	104.1	27.9	1	73.1[2]	56.2
理论容量 (mA·h/g)	3 860	2 215	2 978	820	257	960	26 800	367[2]	477
适用电解质类型	←非水溶液→	←——————————————水溶液——————————————→							
可否用于二次电池?	√	?	×	√	√	√	可用于再生式燃料电池	√	√

注:(1)水溶液中系相对同溶液中的平衡氢电极电势(RHE)计算;
(2)按 $LaNi_5H_6$(m.w.=438.4)计算;
(3)水溶液中 $Li\text{-}Li^+$ 电对的标准电势为 -3.04V(相对SHE);因此,在碱性溶液中相对同溶液中的RHE而言应为 -2.21V,即比 Zn 电极负更 1.8V。诚然, Li 电极不可能在水溶液电池中应用;然而,比较 Li-MnO_2 电池和Zn-MnO_2 的开路电势(分别约为 3.0V 与 1.4V),大致认为 Li 电极电势比 Zn 电极更负 1.6~1.8V 可能是合理的。

表中采用同一水溶液中的平衡氢电极(RHE)电势作为电势基准,是为了便于比较各种负极材料的活性。例如,不论采用酸性、碱性或中性电解质,当用上述各种负极材料组成金属-空气电池时,各种空气电池的理论电动势顺序与表2.2中的电势顺序一致。

根据表2.2中的数据,就很容易理解各种负极材料在各类电池中的应用情况:

例如,对于最简单的水溶液(碱性或近中性)一次电池,锌几乎总是首选的负极材料。锌不仅资源丰富和造成的污染少(特别是推广无汞化工艺后),而且电化学当量较低而电极电势较负,有利于提高电池的比能量。Mg 和 Al 虽理论电势更负,但在水溶液中由于表面处于钝态,实际电势要比理论电势正得多;且在放电时往往有氢气析出,难以用于设计密闭电池。因此,Mg、Al 等金属只在某些特殊型号电池中应用。

对于水溶液二次电池,当主要从比能量角度考虑时负极材料的顺序是 MH(Zn)>Cd>Pb。遗憾的是:Zn 电极虽然电化学当量比 MH 小而电势较负,但由于充放电性能不佳(特别是容易发生形变和生成枝晶)目前只在少数二次电池系统(如 Zn-AgO,Zn-Ni 等)中应用。储氢合金(MH)电极可能是水溶液二次电池负极材料中发展最快的。MH 虽然价格偏高,但具有体积比能量较高(可设计成体积较小的二次电池)和由于电极具有消氢能力而带来的安全性优势(详见下一章),以及与锂离子电池相比的价格优势,储氢合金电池是目前惟一能在移动电器电源和电动车(特别是混合电动车)电源领域内与锂电池一争高下的水溶液二次电池体系。Cd 电极则由于其毒性而受到愈来愈严格的使用限制,目前主要只用于小型动力电池。虽然 Cd 的电化学当量比 MH 更轻,但制备电池时均采用 $Cd(OH)_2$,其电化学当量为73.2,与储氢合金几乎相同。此外,$Cd(OH)_2$ 的视比重显著低于储氢合金,因此镍氢电池的实际比能量高于镍镉电池。Cd 负极的主要优点则是在碱性液更稳定[$Cd/Cd(OH)_2$ 电对的电势略正于同一溶液中的可逆氢电极(RHE)电势]。Pb 电极本是"老掉牙"的负极材料,在重量、寿命与环保等方面均不具优势;但由于价格较低,"一个便宜三个爱",仍然不易被"打倒出局",且近来通过"铅布"新概念又有老将复出之势。

从表2.2中的数据可以看出,氢显然是比能量最高的负极材料。但由于单质氢为气体,只能在燃料电池系统中用作"燃料型"负极材料。对于用作电动车动力的氢-空气燃料电池系统我们已在第一章中讨论过。以下我们还将讨论小功率氢-空气电池的应用可能性。如果希望在具有常规结构的二次电池中应用氢作为负极材料,就必须在电池中备有能可逆地"充电储氢"和"释氢放电"的储氢材料。上面讨论过的储氢合金负极就是一个例子。然而,由于储氢合金一般只能可逆地储存和释放<1.5%(重量)的氢,采用储氢合金后负极的电化学当量大大升高,即在很大程度上丧失了表2.2中氢负极的比能量优势。

在各种非水电池中主要采用锂负极。金属锂负极的理论比容量(3 860mA·h/g)是锌负极的4.7倍,而电极电势要比锌负极更负2V左右;因此,从发展能力来说,锂电池的比能量有可能比水溶液电池高一个数量级左右。此外,由于在非水溶剂中锂负极的自放电速度远低于水溶液中的锌负极,锂电池保持容量的能力显著高于水溶液电池。然

而,锂电池的性能受到以下几方面的限制:

首先,由于金属锂电极的循环充放电性能(包括安全性)较差,在非水二次电池中仍主要采用各种"储锂材料"(主要是碳材料)负极。目前已得到实际应用的"嵌锂碳材料"的可逆充放电容量一般不到金属锂电极理论比容量的十分之一。换言之,若仅从比容量($mA \cdot h/g$)角度考虑,嵌锂材料负极并不比 Zn 负极更优越。

其次,虽然锂负极(包括嵌锂材料负极)的电势要比水溶液电池中最经常选用的锌负极更负 2V 左右,但非水电池中的正极不论从工作电势还是从比容量角度看都并不显著优于水溶液电池中的正极。换言之,非水锂电池只是"半个"高比能电池,其高性能主要来自负极,而正极的贡献并不显著;而负极的贡献主要来自其工作电势而非来自其比容量(指采用"嵌锂材料"负极时)。这些事实从一方面看是令人遗憾的,因为实际锂二次电池的比能量只比水溶液电池高 3 倍左右,而不是一个数量级以上;但是,从另一方面看,这些情况也提示了进一步提高锂电池比能量的可能途径,例如采用比容量更高的金属锂负极和工作电势更正和/或比容量更高的正极材料等。

再次,由于采用导电性要比水溶液低 1~3 个数量级的非水电解质体系,以及采用按"嵌入/脱嵌机理"工作的负极材料和正极材料,锂电池的工作电流密度受到更严重的传输/导电限制,电池中局部电流密度的分布也更不均匀(均与水溶液电池相比)。因此,锂电池较难设计成以高功率工作的"动力电池";当以大电流密度工作时,可能出现的安全性问题也更严重。

以较小功率工作的采用金属锂负极的一次电池则避开

了大部分上述限制。与电子手表等小功率电器配套使用的 Li-MnO_2 一次电池就是一个成功的例子。以"傻瓜"电子相机中最常用的 CR-123 电池（3V，1.3～1.5A·h）为例，其比能量可 >250W·h/kg 及 >600W·h/L。如采用性能更高的正极材料来代替 MnO_2，则比能量应可进一步改进。以小功率工作的 Li-$SOCl_2$ 电池由于采用了更高能的 $SOCl_2$ 正极，其比能量达到 600W·h/kg 及 1 000W·h/L 以上，似乎是已知各类化学电池中的最高记录，其工作寿命也可达 10 年以上。然而遗憾的是，大功率 Li-$SOCl_2$ 电池似乎迄今仍存在难以控制的安全隐患。

为了进一步提高电池（特别是二次电池）的比能量，从负极材料角度看也许最值得进一步研究和开发的重大课题是：

(1) 金属锂及高容量嵌锂材料二次电极。

(2) 储氢材料的改进。

(3) 锌电极充电性能的改进。

(4) 化合物负极材料的开发。

其中第一、第二两项是当今世界性的热门科研课题，正在数目众多的科研人员的推动下不断取得进展，其详情则不是这本小册子所能概括的。此两项中第一项的目的自然是提高锂二次电池的比能量；另一项（储氢材料研究）则在整个新能源结构中占有更加举足轻重的位置。储氢材料不只是 Ni-MH 电池中的负极材料，还是移动式氢-空气燃料电池系统中储氢器的核心材料。而且，储氢材料也不限于和二次电池或燃料电池配套使用。只要移动设备的动力部分以氢为能源（例如氢内燃机），就必然需用高性能储氢材料。因此，称高性能储氢材料为新能源（不仅是电源）结构中的关键核心材料和技术,也许并不为过。

有趣的是,在并未采用金属锂电极和全新一代储氢合金的前提下,近年来锂离子电池和 Ni-MH 电池的比能量仍然取得了令人瞩目的进展。18650 型锂电池的放电容量已从约十年前的 $1A \cdot h$ 左右提高到 $2.2A \cdot h$ 以上,甚至达到 $2.4 \sim 2.5A \cdot h$;而 AA 型 Ni-MH 电池的放电容量则从 $1.1 \sim 1.4A \cdot h$ 提高到 $2A \cdot h$ 以上,甚至 $2.3 \sim 2.4A \cdot h$。这样就使 AA 型 Ni-MH 电池的比能量从 $55 \sim 65W \cdot h/kg$,$180 \sim 220W \cdot h/L$ 提高到 $85 \sim 90W \cdot h/kg$,$280 \sim 300W \cdot h/L$,而锂离子电池的比能量从 $110 \sim 120W \cdot h/kg$,$210W \cdot h/L$ 提高到 $190 \sim 200W \cdot h/kg$,$>500W \cdot h/L$。这些进展主要是通过改进设计和提高电极活性材料的压实密度(包括活性材料理化性能的改进),也许还包括减少负极剩余容量而获得的。由此可见,对于改进电池的比能量,这类措施的效果并不亚于选用电化学新体系。

二次锌负极主要存在两方面的问题:其一是由于反应产物溶解度高而易引起活性物质转移和电极形变以及枝晶生长;其二是充电时难免有不易在电池中被吸收的氢气析出,因而难设计成密闭型二次电池。近年来通过加入 $Ca(OH)_2$ 等添加剂已使上述第一方面的问题有了很大的改进,在阀控式 Ni-Zn 电池中 Zn 负极已能充放几百次。但对后一方面的问题尚无低成本的、高效的解决方案(对此我们将在下一章中详细讨论)。因此,采用锌负极的密闭型电池仍然只能是一次电池(如碱性锌锰电池、锌镍电池等)

近年来逐渐得到重视的"化合物"负极大致有两大类:一类是甲醇、硼氢化物等可以与水作用而实现"化学产氢"的一些化合物。如果它们能在电极上直接氧化,就有可能实现更高的能量转换(化学能→电能)效率,而且所需的转换设备也会更简单。我们将在 2.6 中讨论与此有关的一些问题。另一类是主要排列在元素周期表右上方的一些轻元素化合物。这些轻元素当以单质形式存在时往往呈现严重的电化学钝性,因此难以用作化学电池中的活性材料。然而最近的一些实验结果表明,这些轻元素的化合物(包括轻元素间化合物)可能具有足够的电化学活性。我们将在 2.7 中讨论这些新进展。

2.3 高比能正极材料纵论

如果说考虑负极材料时还有一系列具有不同电势和不同比容量的材料和体系可供选择,其中一些确实具有较负的电势(如锂)或/及较高的放电容量(如 Li, H_2, CH_3OH, BH_4^- 等),考虑正极材料时的选择范围则显然要狭窄得多。

首先,从正极活性材料的化合物类型看,占绝对优点的是各种过渡金属氧化物,其中用于一次电池的主要是成本较低的各种锰的氧化物,而二次电池中采用的主要是镍和钴的氧化物。由于过渡金属元素原子量的限制,它们的理论放电容量一般在 $300mA·h/g$ 以下,而实际放电容量在 $100\sim200mA·h/g$ 之间,均显著低于常用负极活性材料如 Zn, Li 等的放电容量。如果要突破这一限制,就必须增大过渡金属原子在充放电过程中的价态变化。在一次电池中广泛使用的锰氧化物当深度放电时的价态变化可能趋近 $+4\rightarrow+2$,但超过单电子放电所获得的电量主要是在电池工作电压比正常工作电压低 $0.5V$ 左右时释放的。在非水电池中,由于放电反应按 Li 离子嵌入机理进行,Mn 的价态

变化主要只限于 +4→+3。在探索具有更高比容量的锂离子电池正极材料的工作中,正在试用价态变化范围可能较高的钒氧化物等。

其次,不论是水溶液电池中最常用的 Mn 和 Ni 的氧化物,或是非水溶液中常用的 Mn, Ni, Co 等氧化物,其工作电势的变化范围基本不超过约 1V(均在比锂负极电势更正 3~4V 的范围内),即各种正极材料工作电势的变化幅度小于负极材料工作电势的变化幅度。

迄今在选择高性能锂二次电池中所采用的正极材料时,主要着眼点并不在于其工作电势有多正,而在于能否与高性能锂负极组成充放电性能优良的二次电池,俾得以充分发挥锂负极的高比能优点。换言之,非水二次电池对正极材料的主要要求是能按"嵌入/脱嵌"锂离子充、放电机理(而不是如水溶液电池中的正极材料那样按"嵌入/脱嵌"质子机理)稳定地多次反复地循环,和在这一前提下尽可能采用资源较丰和价格较廉的过渡元素金属(最好能用 Mn 氧化物或 Fe 氧化物,其次是 Ni 氧化物,而尽可能不用或少用 Co)。

除了过渡金属氧化物外,可考虑用作高性能电池正极活性材料的还有具有较强氧化性的非金属单质及非金属元素间化合物。前一类包括 F_2, Cl_2, O_2, S 等,其中最值得注意的可能是 O_2 和 S。后一类主要包括卤素元素间化合物以及由卤素和 S,O 等组成的化合物。我们先讨论后一类化合物[3]。

在表 2.3 中列出若干在室温或近乎室温下为固体或液体的此类化合物及其熔点和沸点。由表中可以发现有十种化合物(S_2F_{10}, SCl_2, S_2Cl_2, BrF_3, BF_5, IF_5, $SOCl_2$, $SOBr_2$,

SO_2Cl_2 和 SO_2FBr)在室温下为液体,另有五种(S_2F_2,BrF,ClF_3,$SOClF$ 和 SO_2ClF)只要略加压亦可液化。

表 2.3　　若干非金属元素间化合物的熔点(m.p.)和沸点(b.p.)(℃)

Ⅰ.硫—卤素化合物

化合物	S_2F_2	SF_4	SF_6	S_2F_{10}	SCl_2	S_2Cl_2
m.p./b.p.	−133/15	−122/−38	升华/−63	−53/30	−122/60	−82/137

Ⅱ.卤素间化合物

化合物	ClF	BrF	$BrCl$	ClF_3
m.p./b.p.	−155/−100	−33/20	−66/5	−76/11
化合物	BrF_3	ClF_3	BrF_5	IF_5
m.p./b.p.	9/126	−103/−13	−60/41	9/104

Ⅲ.硫氧卤素化合物

化合物	SOF_2	$SOClF$	$SOCl_2$	$SOBr_2$
m.p./b.p.	−110/−44	−140/12	−105/79	−59/138
化合物	SO_2F_2	SO_2ClF	SO_2Cl_2	SO_2FBr
m.p./b.p.	−136/−55	−125/7	−54/69	−86/41

这些化合物中迄今在电池设计中得到应用的只有 $SOCl_2$ 和 SO_2Cl_2。然而,从表 2.4 中可以看出,根据热力学

数据计算得出的"锂-非金属元素间化合物"电池的理论电势和理论比能量一般具有比"锂-过渡金属氧化物"电池高得多的数值,也大多高于 Li-$SOCl_2$ 电池的理论电势与理论比能量(后者分别为 3.7V 与 1 580W·h/kg)。不仅如此,实验测得的电池开路电势与理论电势普遍地相当接近,表示在由这类化合物组成正极的锂电池中基本上可以实现表中所示的电池反应,并不存在严重的动力学障碍。

表2.4 若干锂-非金属元素间化合物电池的理论和实测参数

电池反应	理论比能量(W·h/kg)	理论平衡电势(V)	实验电池的开路电势(V)
6Li + BrF_5 → 5LiF + LiBr	3 728	5.02	5.02
4Li + BrF_3 → 3LiF + LiBr	3 118	4.79	5.16
6Li + IF_5 → 5LiF + LiI	2 532	4.15	4.18
2Li + SCl_2 → 2LiCl + S	1 775	3.87	4.00
2Li + S_2Cl_2 → 2LiCl + 2S	1 386	3.85	3.65
4Li + ClF_3 → 3LiF + LiCl	4 670	5.24	/

由此可见,与过渡金属氧化物相比,表2.4中列入的非金属元素间化合物和 $SOCl_2$ 及 SO_2Cl_2 可看成是名副其实的高比能正极活性物质,兼具工作电势正和放电容量(A·h/g)高两方面的优势。我们能想像得出的理论比能量最高的体系可能为 Li-F_2 电池,其理论参数为 6.06V 和 6 260W·h/kg;而 Li-BF_3 和 Li-BrF_5 电池实际测得的开路电势已达

Li-F$_2$ 电池理论值的 80% 以上,理论比能量达到其 50%～60%,的确是相当惊人的数据。

这类锂一次电池还具有以下特点:

首先,由于这类液态正极活性物质往往可兼用作电解质溶剂,就大大减轻了所需溶剂的额外重量,因此这类电池的实际比能量有可能更接近理论值。

其次,由于在金属锂负极与液态正极活性物质溶液的界面上往往能生成封闭性良好的固态电解质中间相(SEI),这类电池的搁置储存时间可达十年以上(但久储后也会引起放电初期电压滞后现象)。

这类电池的最大缺点是:当用较大电流放电时,可能由于升温以及固态表面中间相受到破坏而使金属锂直接与正极活性物质直接反应,存在由热失控引起的严重安全性问题。试图将这类电池用作大型高功率一次电池(例如鱼雷电池)的计划迄今未能取得成功。但是,近年来 Li-SOCl$_2$ 电池在用作储存器电源、仪表电源、车用电子器件电源和 GPS 电源等方面的应用有明显的增加。

应该说,对非金属元素间化合物正极活性材料的电极反应机理还是研究得很不够的,即使是相对说来研究得较多并已投入实用的 SOCl$_2$ 和 SO$_2$Cl$_2$ 也不例外。至少可以举出下列一些值得进一步开展的基础研究课题:

(1)非金属元素间化合物电氧化反应的电催化研究;

(2)碳材料、结构材料和粘结剂等在非金属元素间化合物溶液中的稳定性研究;

(3)锂-非金属元素间化合物电池的安全性研究。

另一重要的高比能正极活性物质是氧。氧的工作电势并不高。Li-氧电池的理论电势仅为 2.9V,低于大部分一、二次锂电池。在碱性溶液中氧电极的工作电势比锰和镍的氧化物低半伏左右。然而,由于在地面使用时氧无处不在,且氧的电化学当量仅有 8g,因此,不论是否计入氧的重量,金属-氧(空气)电池和氢-氧(空气)电池总是具有显著高出常规电池的理论比能量(见表 2.5)。

表2.5 各种氧(空气)电池的理论电势(V)和理论比能量(W·h/kg)

电池体系 计算方式	锌-氧(空气)	氢-氧(空气)	锂-氧(空气)	镁-氧(空气)
计算氧的重量时	1 090	3 660	5 210	3 920
不计氧的重量时	1 350	32 900	11 210	6 480
理论电势	1.65	1.23	2.90	2.95

表中列入的锌-空气电池和氢-空气电池已在实际中得到一定规模的应用或试用。我们已在第一章中讨论过车用氢-空气燃料电池系统的发展情况及存在的问题。在下两节中,我们将分别讨论有关小型氢-空气电池和锌-空气电池存在的问题与应用前景。本章的最后两节则将用于讨论可能用作空气电池中负极的一些新体系。由此也可以看出,氧(空气)作为高比能正极材料在电池新体系的探索中占有何等重要的地位。

锂-空气电池从净反应看是一个简单而高性能的体系,其设计难点在于锂负极和氧正极分别需要不同的电解质环境。因此,如何设计电解质层,使其一侧能与锂负极匹配以实现锂的电氧化,而另一侧能提供氧电极所需的工作环境,同时还要在膜的两侧之间实现离子连续导电和隔离正、负极活性物质之间的直接反应，就成了最大的难题。根据这些要求，电解质层中需要包括非水电解质层和水溶液层以及二者之间稳定的界面，并在界面两侧之间应能实现与电极反应相适应的离子流，但不能让氧和水分子透过非水电解质层与锂直接反应。经验表明，仅依靠常规非水电解质溶液与水溶液所组成的"液/液"界面很难满足这些要求。近年来崭露头角的各种"离子液体"则带来了新的可能性。也许可以企望，这类新型液体的出现将推动锂-空气电池的进展。

2.4 小功率氢-空气燃料电池

输出功率为 kW 级或 MW 级的氢-空气燃料电池系统是当前电动车与能源系统科技发展中的热门课题，已有大量专著及评述文章不断介绍。本节的讨论对象则在于主要供便携式电器使用的小功率氢-空气燃料电池。

大约从 20 世纪 90 年代中期开始，不断出现企图发展小功率氢-空气燃料电池的尝试，如美国 H-Power、MIT Microfuel Cells、德国 Smart Fuel Cell AG、Fraunhofer ISE 和美国 Los Alamos 国家实验室（LANL）等均在从事这项工作。有关的详细情况，可从相关的网站中下载。有关小功率燃料电池的学术会议或情况介绍会也不断举行，如近年来美国每年四月底由 Knowledge Foundation 举办的"小型燃料电池会议"，至 2004 年已举行了六届（2005 年将举行第七届）。有关情况可从 www.knowledgefoundation.com 及 www.smallfuelcells.org 网站下载。

氢-空气燃料电池由于在地面上使用时可不计空气的重量,其理论比能量高达 32 940W·h/kg,是各种电化学电池体系中理论比能量的"绝对冠军"。此外,近年来由于电动车与局部电站需求的推动,几十千瓦级的氢-空气燃料电池技术有了很大的发展,其中不少也有助于提高小功率氢-空气电池的性能。从这些角度看,对小功率氢-空气电池的发展的确值得重视。

在各类电池的发展过程中,小功率电池的发展一般总是优先于大功率电池。这是因为大功率电池的竞争对象是内燃机,而小功率电池的竞争对象是传统的电化学电池。不论从研制成本、可接受价格或所需要的工作寿命考虑,在一般情况下小功率电池总是比大功率电池更易于商品化(见表 2.6)。

表 2.6　大功率与小功率电池的比较

	大功率电池 (与内燃机竞争)	小功率电池 (与传统电池竞争)	大、小功率电池参数比
功率	10kW 级	10W 级	1 000:1
可接受价格	$100~150/kW	$2.5~5k/kW	20~50:1
工作寿命要求	5 000h(10 年)	1~2 年(主机换代)	5~10:1

然而,大功率氢-空气电池的发展却显著优先于小功率氢-空气电池。目前功率为几十千瓦级的氢-空气燃料电池组正蓬勃发展,企图在 10~20 年内部分取代内燃机成为汽车的清洁动力系统。然而,这些年来小功率氢-空气电池却一直未见商品化。一些公司可提供小功率电池样品,但

10~20W电池堆的报价竟均在1 000美元以上,完全不可能与传统电池竞争。因此,值得分析为什么会出现这种现象。

对于小功率电池,最主要是要求轻巧和输出能量高,而价格只是第二位的因素。因此,本节中主要从重量比能量角度来分析小功率氢-空气电池的性能和存在的问题。

在本书第一章中我们已介绍过,氢-空气电池属燃料电池主要包括两种类型:燃料电池堆和储氢器(或是氢发生器,以下统称为储氢器)。根据公式(1.1)整个燃料电池系统的重量比能量 $E(W\cdot h/kg)$ 为:

$$E = \frac{t}{1/P + t/Q}$$

由(1.1)式推算出氢-空气燃料电池系统的重量比能量随储氢系统比能量与工作时间的变化见图 2.5。图中三根

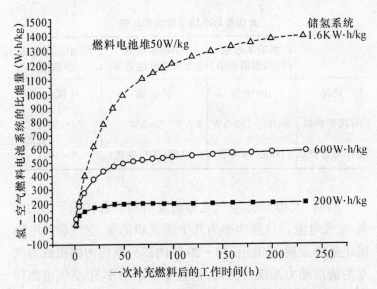

图 2.5 储氢系统比能量对燃料电池系统比能量的影响

曲线分别相当于储氢系统的比能量为 200,600 和 1 600W·h/kg 时的情况,其中 200W·h/kg 大致相当于稀土型储氢合金瓶的比能量,600W·h/kg 大致相当于目前正在研究的一些化学氢发生器可能达到的水平,而 1 600W·h/kg 大致相当于近来报道的能储氢 $10 wt$% 的组合材料高压氢瓶的比能量。计算时均假设氢-空气电池的工作电压为 0.75V(即每克氢相当于 20W·h 电能)。燃料电池堆的比功率假设为 50W/kg。

这些曲线具有基本相同的形状。当工作时间足够长时,燃料电池系统的比能量均趋近储氢系统的比能量(表示电池系统的重量主要是储氢系统的重量);而当工作时间很短时,燃料电池系统的比能量随一次补充燃料后的工作时间线性地增大(表示电池系统的重量主要是燃料电池堆的重量),上升段的斜率则决定于燃料电池堆的比功率。

在图 2.6 中选用的燃料电池堆比功率的变化范围为 20～200W/kg。需要指出的是:大功率氢-空气电池堆的比功率一般可达几百瓦时每千克;当代最先进的电池堆的比功率已接近 1kW/kg。然而,小功率电池组的比功率要比此低得多(原因见下)。根据近年曾不断报道的功率为几十瓦的样机参数估算,小型氢-空气电池堆的比功率很少能超过 20W/kg。

常用二次电池的比能量一般不超过 140～180W·h/kg,例如锂离子电池。从图 2.5 和图 2.6 中可以看出,氢-空气燃料电池系统的比能量在一定条件下应有可能超过常规二次电池。这也就是近年来小功率氢-空气电池组的研制工作受到一定重视的基本原因。

然而也不能不看到,与大功率氢-空气电池组或常规二

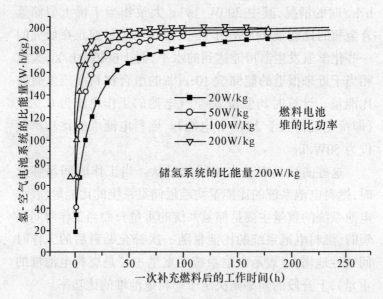

图 2.6 电池堆比功率对氢-空气电池系统比能量的影响

次电池相比较,研制和开发小功率氢-空气电池组存在一系列重大的技术困难:

(1)小功率氢-空气电池组不可能像大功率氢-空气电池组那样包含能严格控制温度、气体流量、增湿、排水等工作参数的辅助控制系统,因此电池组必须设计得能自动适应各种工作参数在一定范围内变化,而不过分影响电池组输出性能的稳定性。

(2)由于小功率氢-空气电池组的工作条件(主要是工作温度、反应气体的工作压力与流量等)均显著低于大功率电池组,所以在小功率氢-空气电池组中单位电极面积上的功率输出显著低于大功率电池组。这样就一方面导致整个电池堆比功率严重降低,另一方面还会使输出单位功率所需用的贵金属量与离子膜面积显著增高,并因此导致制造成本显著提高。根据目前见到的报道,在输出功率不超过几十瓦的小型氢-空气电池组中,稳态工作电流密度很少超过 $100\sim150mA/cm^2$,只是大功率电池组的 $1/5\sim1/10$。

(3)由于小功率氢-空气电池组的工作温度低,输出功率为几十瓦的电池组难以通过气相全部排出电池反应所产生的水分。图 2.7 中的曲线表示,在不同电池工作温度下及空气中的湿度不同时,为了通过气相全部排除电池反应所产生的水所需要的最低空气流量(用理论耗空气量(约 $1L/A\cdot h$)的倍数表示)。由图可知,在大功率氢-空气电池组的工作温度下($\geqslant 70\sim 85℃$),为了通过气相全部排除反

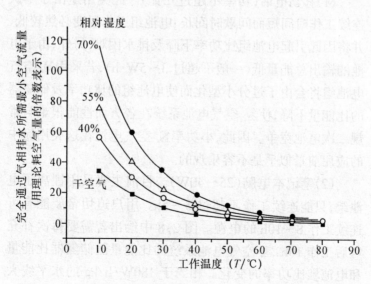

图 2.7 为了完全通过气相排除电池反应生成的水所需的空气流量

应生成的水只需要相当于理论耗气量几倍的空气流量(甚至小于电池反应的理论耗气量);然而,在室温左右工作的氢-空气电池则需要空气流量高出理论耗气量的几十倍,才有可能通过气相全部排出反应生成的水。这就为设计电池增加了难度。若小功率的氢-空气电池组需要通过液相排水,则电池设计将变得更复杂,同时还将提高对空气电极性能(防水性)的要求。

(4)在氢-空气电池得到一定规模的应用以前,由于缺乏充氢或更换储氢器的服务性网络,可能造成诸多不便。与此相比,传统二次电池的充电网络几乎无处不在,因而使用二次电池要更方便得多。

根据以上的分析,可以大致估计小功率氢-空气电池在若干领域中的应用可能性:

(1)移动电话(功率不超过几瓦)。此类用途由于单次连续工作时间短而间歇时间长、电池组工作温度必然较低,并将因此引起电池组比功率下降及排水困难;另外,由于电池的输出总能量低(一般不超过 $3\sim5W\cdot h$),若采用氢-空气电池组将会由于过分小型化而使电池组的比功率及储氢器的比能量下降,使氢-空气电池系统在各方面性能很难与常规二次电池竞争。因此,小功率氢-空气电池在这类用途中的应用前景似乎是不容乐观的。

(2)笔记本电脑($25\sim40W$)。目前主要采用锂离子电池组,只能连续工作不超过 $3\sim5h$。用户迫切希望能有可连续工作 $8\sim10h$ 的电源。图2.8中绘出若需要每次补充氢后工作10h,氢-空气电池系统的比能量随储氢器比能量和电池堆比功率的变化。相当于 $180W\cdot h/kg$ 的水平线大致标志目前锂离子电池所可能达到的水平。由图可见,若储氢器的比能量局限在目前能达到的水平(~200W·h/kg),则氢-空气电池堆的比能量不可能达到能与现有锂离子电池相抗衡的水平。然而,若储氢器的比能量能达到300W·h/kg(相当能储1.5wt% H_2)以上,则只要电池组的比功率达到45~50W/kg以上,氢-空气电池系统的比能量即可超过锂离子电池组。估计通过努力上述两项指标还是有可能达到或超过的。因此,将小功率氢-空气电池系统用作笔记本电脑的电源还不失为值得考虑的方案。

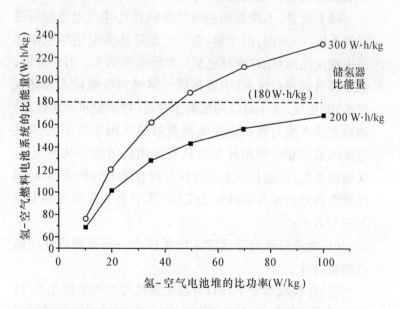

图2.8 按10h制工作时氢-空气电池系统的比能量

(3)小型移动电源(50W~1kW):在这类应用领域中由于需用的总功率较大,且往往连续工作时间较长,氢-空气电池组的工作温度与比功率均可以设计得比较高。若在有组织的集体(如军队、车队、大单位、大型建筑……)中以一定规模应用,则建立充氢或更换氢瓶的网络当属可行。设计出比能量高于铅酸电池和镍氢电池的氢-空气电池系统亦非难事。因此,只要制作成本能降下来,将氢-空气电池用作电动摩托车和电动自行车的动力源应有可能;用作野外或无市电场合的小型电源(包括用作 UPS 电源)也应该是可行的。然而,若储氢器的储氢效率不提高,则氢-空气电池系统的比能量不可能超过 180W·h/kg。因此,与锂离子电池相比至少在比能量方面并不具有明显优点。

综上所述,不难看到企图发展小型氢-空气电池时所遇到的矛盾:一方面,由于氢-空气电池是诸多化学电池体系中理论比能量的"绝对冠军",发展前景诱人。另一方面,也必须看到现有技术(主要是质子膜燃料电池技术和储氢技术)的集成,还不足以构成输出性能(特别是重量比能量)和制造成本能与现有二次电池竞争的实用小功率氢-空气电池体系,因此,要想开发出具有实用价值的小功率氢-空气电池系统,不能只靠工艺设计与现有技术的集成,而必须开展更具创新性与基础性的工作,其中最主要的可能是以下三个方面:

(1)能更好地自动适应工作条件在一定范围内变化的电池组设计。

(2)在较低温度下具有更高电催化性能的电催化剂(特别是氧还原催化剂)与液相排水能力更好的空气电极催化层与"膜/电极组合(MEA)"。电池组在室温下的输出比功率应不低于 $40\sim 60$W/kg。

(3)进一步提高储氢器的储氢效率。第一步可能是使小型储氢系统达到能够储 $1.6\sim 2.0wt\%$ 氢,相当于比能量≥300W·h/kg。具有更高储氢能力（例如储氢≥2.5~3wt%相当于≥500~600W·h/kg）的储氢新体系的开发，是使小功率氢-空气电池系统真正具有实用价值的必要前提。

从以上的讨论中，我们再一次看到提高储氢系统储氢效率的重要性。事实上，性能更高的储氢材料将不仅能使氢-空气电池实用化成为可能，还可能据此推出高性能一次或二次"储氢材料-空气电池"（即直接将储氢材料用作负极活性材料）。

2.5 锌-空气电池

前已述及锌-空气电池具有很高的理论比能量。若不计空气重量，按金属锌计算得到的理论比能量为1 350W·h/kg；若考虑放电过程中电池吸氧增重，则按ZnO计算得到的理论比能量为1 090W·h/kg。自20世纪中期以来，由于燃料电池研究的推动，空气电极性能有很大的提高。特别是采用氟塑料及高性能氧还原催化剂制成的高性能长寿命防水薄空气电极的出现，诱使不断有人试图制造具有更广泛用途的锌-空气电池。实际电池的重量比能量已可达300~400W·h/kg而体积比能量可达450~600W·h/L，均比锂离子电池高出一倍左右。然而，迄今这类电池的主要应用仍局限在航标灯及某些类型的助听器等移动式电器，并未得到大范围的推广应用。究其原因，大致主要有以下两个方面：

(1)空气电池的性质决定了这类电池至少在工作时必须对环境开放，因而电池性能不可避免地会受到一些环境因素的影响。

(2)虽然这类电池原料丰富,生产成本也不高,但由于目前还不能生产使用方便和长寿命的二次锌-空气电池,使用锌-空气电池的成本并不一定比使用现有的二次电池更低。以下主要分析这两方面的情况,并探讨解决问题的可能途径。

作为开放体系,空气电池在大气中会与环境进行氧气、二氧化碳和水分的交换。其中氧气是电池反应所必须的,但若溶解扩散达到锌电极表面也会引起后者的氧化,并导致放电容量损失。电池中的碱液吸收二氧化碳则会引起电解液碳酸化及由此引起的导电性降低和电极性能变劣;在极端情况下还可能在空气电极内部析出碳酸盐晶体,破坏防水电极结构。电池与环境之间水的交换则是双向的。视碱液浓度与环境湿度的不同,碱液可以从环境中吸水,也可以蒸发排出水分。由此引起的碱液浓度和体积的变化可显著影响电池反应的动力学,在极端情况下还可能引起电池"干枯"或"出水"(漏出碱液)。通过以下的分析我们将看到,以上三类交换过程对电池性能的危害程度差别很大。原因之一是这三种气体在大气中的含量颇不相同(氧21%,水分主要在1%～5%之间变化,CO_2 约为0.037%),但各组分的相对危害性也并非只决定于它们在环境中的含量。

25℃时氧在 30% KOH 中的溶解度(c_{O_2})约为 $0.8 \times 10^{-7} M/cm^3$,其扩散系数($D$)约为 $0.5 \times 10^{-5} cm^2 \cdot /s$[5]。若按自然对流引起的扩散层有效厚度($\delta$)约为 0.2mm 及 $n=4$ 估计,代入扩散极限电流公式 $I = nFDc_{O_2}/\delta$ 可以求出在用空气饱和了的 30% KOH 中氧分子扩散达到电极表面

的极限速度(用电流密度表示)约为 $3\mu A/cm^2$;若深入粉层内部反应则极限电流密度更小。按每平方厘米锌粉电极的放电容量约为 $0.1A\cdot h$ 估计,当以几个微安每平方厘米的速度氧化时需要几年才能耗尽。由此可见,虽然空气中的氧含量很高,但由于受溶解度及传质过程速度的限制,不大可能在空气电池的"有生之年"显著消耗电池中锌负极的容量。

另一方面,由于空气中 CO_2 的含量低,也不大可能对电池的性能有显著影响。空气电极的理论耗气量约为 $1A\cdot h$ 耗用 1L 空气,而设计电池时碱液(30% KOH)用量一般约为 $0.5mL/A\cdot h$。计算表明:若要将 0.5mL 30% KOH 完全转变为 K_2CO_3 溶液,需耗用 165L 空气(按 25℃,760mm Hg,空气中含 CO_2 370ppm 计算)。由于空气电极正常工作时所需要的空气流量一般不超过理论耗气量的 5~10 倍,只要避免将空气电极长时间地暴露在空气中,即可避免 CO_2 对电池性能的影响。

此外,即使碱液完全碳酸化,在空气电池中也不会有 K_2CO_3 晶体析出。在图 2.9 中绘出了 $H_2O\text{-}KOH\text{-}K_2CO_3$ 体系的三元相图[6],图中 MN 线表示在总水量不变时,30% KOH(图中 M 点)不断吸收二氧化碳最后变为 37% K_2CO_3(图中 N 点)的全过程。由于 MN 线与 25℃时的固相析出线相距很远,不可能有 $K_2CO_3\cdot 1.5H_2O$ 析出。由此可见,在这种场合下,只有同时发生溶液的显著浓缩(水分显著蒸发)与碳酸化,才可能有晶体析出。

空气中水的含量在氧与二氧化碳之间,但水能通过空气电极中的气孔直接被碱液吸收,因而不存在显著的传质障碍。作为粗略估计,可假设碱液吸水稀释至 15% KOH

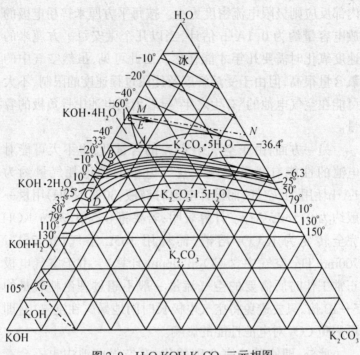

图 2.9 H_2O-KOH-K_2CO_3 三元相图

时将引起碱液外漏,而在蒸发浓缩至 45% KOH 时将由于碱液干枯而使电池性能严重下降。图 2.10 显示某一型号助听器用扣式锌空气电池在不同相对湿度(RH)环境中的容量衰退。60%相对湿度大致与 30% KOH 溶液的蒸气压平衡,在此条件下电池最稳定;而高湿度(引起电池吸水漏液)所导致的电池容量衰退最严重。

　　计算表明:与 1A·h 电池容量相对应的 0.5mL 30% KOH 在吸入 645mg 水后变成 1.15mL 的 15% KOH,而蒸发损失 215mg 水后变成 0.29mL 的 45% KOH。若再假设

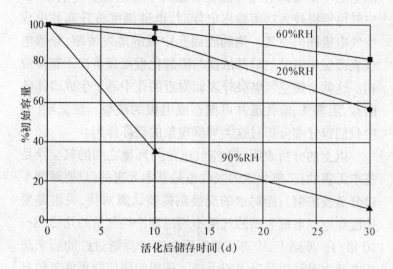

图 2.10 DAG 72 型助听器用扣式锌空气电池在不同
相对湿度(RH)环境中的容量衰退

电池的蒸发或吸水过程最多只能引起空气电极附近气相中的相对湿度(RH)增、减 20%,则 20℃时(此温度下 20% RH 变化相当于增减 3.7mg 水/L 空气)分别需要至少有 58L 较干空气或 174L 较湿空气流过电极表面,才能分别使 0.5mL 的 30% KOH 转变为 45% KOH 或 15% KOH;而在 35℃时(此温度下 20% RH 变化相当于增减 8.9mg 水/L 空气)实现上述过程分别需要至少 24L 和 72.5L 空气。由此可见,只要将流经空气电极表面上的空气总量控制在几升每安时的水平(即不超过理论耗气量的几倍),还是有可能避免上述有重大危害的碱液过分吸水稀释或蒸发干枯现象的发生。

然而应当指出:上述分析是根据平衡数据进行的,在实际电池中则局部情况可能显著偏离平衡情况。特别是,当空气电池以较大功率输出电能时,电池温度将升高并出现空气电极面向空气一侧的表面孔中碱的蒸发浓缩,导致电极表面层中碱液的局部浓度与碳酸化程度显著高于整体液相。这就会使空气电极外表面附近的孔中易于生成固体碳酸盐,阻塞气、液孔道并可能造成电极的破裂。在文献[6]中我们曾仔细分析过这类局部现象的破坏作用。

以上的分析表明:锌-空气电池与环境之间的氧交换是基本无害的;二氧化碳的吸收也是基本无害的(只要碱液不过分蒸发浓缩),而对水的交换则需要认真对待,关键是要使流经空气电极表面的气量不超过理论耗气量的几倍(8~10倍?)。原则上,应有可能采用具有选择透过性的膜来防止电池中碱液过分吸水或干枯。理想的膜应能容许氧较自由地透过,而对气相中水分子的透过阻碍较大。遗憾的是,迄今这方面的研究尚未见到有实用价值的成果报道。

为了控制流经电池的空气流量,可以采取两类方法:一类是设置固定的气流障碍,如气孔、透气膜等;另一类是能"按需调节"空气流量的"智能型"装置。前一类装置比较简单,但只适用于主要是用恒定小功率、长时间连续工作的场合(如助听器、航标灯等)。需要以高功率放电的电池在工作时需要足够通畅的空气进口,因而在电池停放时电池与环境之间缺乏足够有效的水交换障碍(除非加上与电源启动开关联动的气孔开关)。

AER Resources公司设计的"空气管理器"(air manager)可作为"智能"型空气流量调节器的一个例子(见图2.11)[7]。图中电池组通过毛细管与外界连通,因此在静置时电池与环境之间几乎不发生气体交换。电池工作时根据

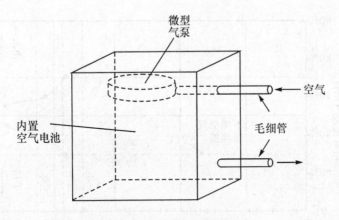

图 2.11 空气管理器原理示意图

预设的输出电压下限按需启动或停止通风扇,可以使流经电池的平均气量保持在与输出功率相应的较低的数值。图 2.12 显示采用空气管理器后在相对湿度 30%～70% 的范围内可使锌空气电池组活化后的储存寿命提高到两年以上。但是由于辅助设备的复杂性,且需要耗用一定功率,空气管理器显然只适用于容量较大的电池组。此外,由于进入空气电池组内的空气很难做到能均匀流经每个单电池的气室,各个电池的吸水或失水仍然可能是不均匀的,即难以避免个别电池过分吸水或失水。如何对流经小功率电池组中每一空气电池的空气流量进行简单而有效的"智能化"控制,仍然是尚待解决的问题。

综上所述,可以对锌-空气一次电池的应用范围作如下概括:

(1)如使用对象可以做到在电池打开包装后立即以大

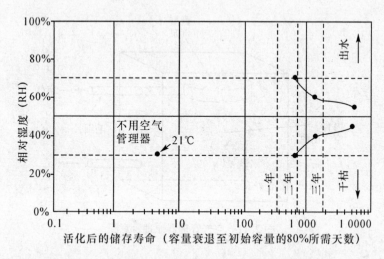

图 2.12　6W 12A·h 锌空气电池组（由六个单体组成）活化后的储存寿命

功率放出全部容量，则锌-空气电池可能是最实用的高比能一次电池。"AAA"型锌-空气电池的容量有可能达到 1.7A·h，比同样尺寸的碱锰电池更高（见图 2.13）。然而，显然这类用途的需求量还不足以支持锌-空气电池的规模生产，致使至今锌-空气电池的工业化生产仍然举步维艰。

　　(2) 如果使用对象要求电池长期以基本恒定的小功率连续放电，则可设计适当孔径的透气孔，或采用适当的低透气率的空气电极，使实际进入电池的气量不超过理论耗气量的 8～10 倍，则电池与环境之间的水交换应不会引起电池的干枯或过分吸水。在这种情况下，电池内储存的氧往往还可以支持间歇输出短暂电流脉冲。如果认为电池间歇输出短暂脉冲的功率不足，则可适当增大气室容积或将电

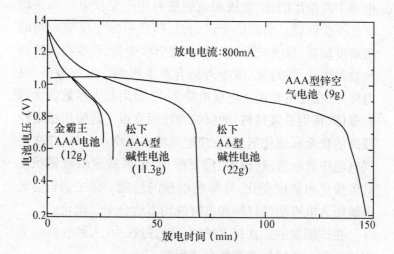

图 2.13　圆柱式锌-空气电池与碱锰电池放电容量的比较

容器与电池并联。

(3) 如果使用对象要求电池具有较大的通用性,特别是能在较长时间内断续(或偶尔)以大功率放电,则电池放电时必须有较高的空气流量流经气室。在这种情况下,为了避免电池与环境之间过分的水交换,必须采用某种形式的"空气管理措施",否则难以保证电池不干枯或过分吸水。

从以上讨论可见:虽然一次锌-空气电池的比能量较高,但由于其通用性和制造成本难以满足使用需要,难以与现有其他类型电池(特别是镍氢和锂离子等二次电池)相抗衡。若空气流量控制问题难以回避,则制造低成本通用型一次锌-空气电池的难度更大。那么,锌-空气二次电池的发展前景又如何呢?

考虑开发二次锌-空气电池时首先应认识到：锌-空气电池中所采用的正、负极和电解液对用于二次电池而言均存在不少问题。前面已经讨论过，锌负极由于反应产物的溶解度较高，反复充放电时易出现形状变化、活性物质转移和枝晶生长，均对充、放电寿命有严重影响。空气电极（氧电极）则在充电时由于电极电势太正，会引起大多数催化剂和载体（特别是碳材料）的腐蚀和性能衰退。若采用稳定性较高的贵金属催化剂，又会使电池成本大增。此外，二次空气电池中若电解液（碱液）反复使用，也易造成碱液累积性的碳酸化和浓度变化，并影响电池的性能。总之，锌-空气电池所含电极活性材料和电解液均不适合于二次化。

在试图发展二次锌-空气电池的过程中，大致曾尝试采用过下列一些措施来避免上述困难：

(1)采用机械更换式锌负极，即每次放电后更换负极和部分或全部电解液。

(2)利用第三电极为放电后的锌负极充电。

(3)以碱液和锌粉制成"锌浆"，用作负极活性材料；然后按燃料电池方式工作，即将锌浆不断泵入电池，在负极集流网上电氧化，反应产物则泵出电池供再生用。

(4)采用所谓"双功能氧电极"，即具有一定可充电性能（可电解析氧）的空气电极。

在上述各项措施中，采用了各不相同的办法来绕过二次锌-空气电池固有的这些或那些缺点。例如，用更换负极或采用锌浆电极的方法来避免锌电极充电性不良的缺点，以及用第三电极法或锌浆法或机械更换负极法来避免对空气电极充电，等等。然而，并没有哪一种措施能完全解决二次锌-空气电池的所有问题，而任一措施都会增加电池设计、制造或是操作上的复杂性。锌浆法从电池能长期稳定工作的角度看是有利的,但设备太复杂,且需要再生车间的配合。如果能开发出确实可靠的"双功能氧电极",也许可以制成比较简单而有一定实用价值的二次锌-空气电池。但受二次锌负极(即使采用 $Ca(OH)_2$ 等添加剂后)的充放电寿命限制,以及长期工作可能引起碱液的碳酸化程度与浓度的累积性变化(还可能因此引起在空气电极的微孔中析出碳酸盐),也难以企望这类二次电池能有很长的循环寿命。

2.6 直接甲醇燃料电池(DMFC)与直接硼氢化物燃料电池(DBFC)

由于氢-空气燃料电池系统中迄今未开发出足够轻巧的储/产氢设备,特别是在小型(几瓦至几十瓦级)氢-空气燃料电池系统中储氢设备的重量与体积所占比例更为可观,人们一直在试图开发以具有电化学活性的液态或溶液态富氢化合物为"燃料"的"直接"液态燃料电池,其中近来最受重视的可能是直接甲醇燃料电池(DMFC)和直接硼氢化物燃料电池(DBFC)。

甲醇与硼氢化钠电化学氧化反应的理论反应式分别为:

$$CH_3OH + H_2O \longrightarrow CO_2 + 6H^+ + 6e^- \quad (2.4)$$

和 $$NaBH_4 + 8OH^- \longrightarrow BO_2^- + 6H_2O + Na^+ + 8e^- \quad (2.5)$$

由此可以算出甲醇和硼氢化钠的理论比容量分别为 5.02 和 5.67 A·h/g,达到纯氢的约 1/5(实际液态"燃料"的比能量则与用作燃料的活性材料溶液的浓度有关)。室温下酸性溶液中甲醇空气电池的理论电动势为1.21V,而碱性液中BH_4^--空气电池的理论电动势为1.64V。因此,从热力学数据考虑,这两个体系应均属高比能电化学体系,值得深入探索其实用可能性。

然而,要真正使这些涉及液态反应物的体系实用化,还需要解决以下三个方面的问题:

(1)能否真正按(2.4)和(2.5)式实现$n=6$和$n=8$的"多电子反应"?

(2)实现上述反应时将涉及多大的动力学障碍,即出现多大的电化学极化?

(3)由于液态中的负极活性物质较易通过流动、扩散和电迁移达到正极表面,即出现所谓"穿透(cross-over)"现象,会不会因此引起电池内部"短路"?即负极活性物质在正极上氧化,包括电氧化及与正极活性物质直接相互作用。

前两个问题属电极反应机理和电催化问题;后一问题则主要涉及正、负电极之间的隔离,但也涉及负极活性物质在正极上的电化学活性,因此也往往与电催化有关。

由于对利用这些高比能体系建立高比能电池的期待,也由于实现这些反应所涉及的电化学催化问题的复杂性,电化学工作者曾耗费不少精力来研究这些体系。对甲醇电氧化的研究已有约三十年的历史,对其反应历程、涉及的中间物以及甲醇电氧化催化剂等在文献中已有大量详细的研究报道与评论;我们也曾在文献[8]中试图简要地予以介绍。相比之下,对BH_4^-电氧化反应的研究要少得多,也晚得多。虽然Jasinski在四十年前已试图利用这一体系来组成高比能电池[9];但是真正较系统地研究这一反应还是近五六年之内才开始的,因此,本节主要将讨论后一体系。但是,由于甲醇和硼氢根的电催化氧化似乎涉及一些相近的问题,下面仍然先简略地对当今有关甲醇电催化氧化反应的认识作一简略介绍。

直接甲醇空气电池的主要问题是甲醇电氧化时出现很大的电化学极化。即使采用铂催化剂,甲醇空气电池的工作电压也只有 $0.4 \sim 0.5\text{V}$,甲醇在铂表面上的电氧化历程大致如图 2.14 所示。

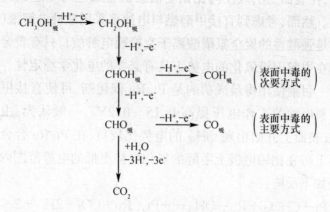

图 2.14 甲醇在铂电极表面上的电氧化历程

在低极化下,由于 $CO_{吸}$ 不能进一步氧化,其不断生成会引起电极表面的累积性中毒。这是实现甲醇氧化反应时出现高超电势的主要原因。据此,为了降低超电势,一般认为可以从以下两方面着手:

(1) 增大 $CHO_{吸}$ 的电氧化速度。例如,$CHO_{吸} + OH_{吸} \longrightarrow CO_2 + 2H^+ + 2e^-$,以减少 $CO_{吸}$ 的生成。

(2) 增大 $CO_{吸}$ 的电氧化速度。例如,$CO_{吸} + OH_{吸} \longrightarrow CO_2 + H^+ + e^-$。

由此可见,不论按哪一途径来减弱 $CO_{吸}$ 所引起的毒化作用,都需要增大 $OH_{吸}$ 的表面覆盖度。在纯净的铂表面上,只有在电极电势达到 0.6V 左右才会出现 $OH_{吸}$,这就解释了为什么只有在极化电势达到 0.6V 后才会出现稳态的甲醇氧化电流。

显然,为了改善这种情况,可试着在铂表面上引入那些能在较低电势下生成 $OH_{吸}$ 的组分。要做到这一点并不难,在表面上引入任何比铂更活泼的金属应均可达到此目的。然而,考虑到直接甲醇燃料电池多采用酸性电解液(特别是强酸性的聚全氟磺酸离子交换膜电解质),只有贵金属能在甲醇阳极氧化的电势下具有必要的电化学稳定性。

目前使用得最成功的是 Pt/Ru 催化剂,可使直接甲醇燃料电池的工作电压提高 $0.15 \sim 0.2$V。一般认为:由于 Ru 表面上开始出现 $OH_{吸}$ 的电势比较负,在 Pt/Ru 合金表面上可在比铂电极上甲醇的氧化电势更低的电势范围内实现如下反应:

$$Pt\text{—}CHO_{吸} + Ru\text{—}OH_{吸} \longrightarrow Pt + Ru + CO_2 + 2H^+ + 2e^-$$

$$Pt\text{—}CO_{吸} + Ru\text{—}OH_{吸} \longrightarrow Pt + Ru + CO_2 + H^+ + e^-$$

企图实现直接硼氢化物空气电池时所遇到的问题则与直接甲醇空气电池颇不相同,主要是 BH_4^- 的直接八电子氧化不易在低极化下实现。干扰主要来自 BH_4^- 往往按下两式快速进行水解反应和四电子氧化反应:

$$BH_4^- + 2H_2O \longrightarrow BO_2^- + 4H_2 \uparrow \qquad (2.6)$$

$$BH_4^- + 4OH^- \longrightarrow BO_2^- + 2H_2O + 2H_2 + 4e^- \qquad (2.7)$$

在低极化下和开路条件下,BH_4^- 可与 H_2O 按(2.6)式直接反应释氢而不输出电流;在低极化下实现的成流反应则主要是按(2.7)式进行的四电子反应而不是按(2.5)式进行的八电子反应。只有在很高的电化学极化下,才可能在 $Pt^{[10,13]}$,$Au^{[11]}$,$Hg^{[12]}$等表面上观察到八电子氧化反应。

对于 BH_4^- 的电氧化机理,包括在不同电势范围内和在不同电极表面上实现水解反应、四电子反应和八电子反应的动力学和反应机理,虽然在若干文献中也有所提及,但迄今缺乏系统的、统一的看法。因此,以下我们将讨论这一问题,并提出自己的看法:

BH_4^- 氧化生成 BO_2^- 涉及的基本反应显然是 BH_4^- 中的 H 逐步被 OH 取代,即最基本的反应历程可用下列简式概括:

$$BH_4^- \longrightarrow BH_3(OH)^- \longrightarrow BH_2(OH)_2^- \longrightarrow BH(OH)_3^-$$
$$\longrightarrow B(OH)_4^- \longrightarrow BO_2^- + 2H_2O \quad (2.8)$$

上式可以归纳为:

$$\sum_{m=4}^{1} [BH_m(OH)_{4-m}^- \longrightarrow BH_{m-1}(OH)_{5-m}^-]$$
$$B(OH)_4^- \longrightarrow BO_2^- + 2H_2O \quad (2.8a)$$

(2.8)和(2.8a)式中涉及的四个连续氧化步骤($m=4,3,2,1$)在形式上完全相同。若选 $m=4$ 的第一步氧化反应 $BH_4^- \longrightarrow BH_3OH^-$ 作为"模型反应"来分析,可以看出这一反应基本有三种进行方式(分别相应于 $n=0,1,2$):

$$BH_4^- + H_2O \longrightarrow BH_3OH^- + H_2 \uparrow \quad (n=0)$$
$$(2.9a)$$

$$BH_4^- + OH^- \longrightarrow BH_3OH^- + 0.5H_2 \uparrow + e^- \quad (n=1)$$
$$(2.9b)$$

$$BH_4^- + 2OH^- \longrightarrow BH_3OH^- + H_2O + 2e^- \quad (n=2)$$
$$(2.9c)$$

如果(2.8)式中的四个氧化步骤均按同一机理进行,则(2.9a),(2.9b)和(2.9c)式分别对应于水解反应($n_{总}=0$)、"四电子氧化"($n_{总}=4$)和"八电子氧化"($n_{总}=8$),其中$n_{总}$为全部反应中涉及的总电子数。

(2.9a)式对应于BH_4^-的水解释氢,其中不涉及电子的释出。这一反应从理论上说可以按"化学机理"进行,即水分子与BH_4^-直接相互作用;但大量实验结果显示,水解反应主要只能在具有吸附原子氢能力的表面上发生。因此,水解反应更可能是按"共轭电化学反应机理"进行的,即水解反应可能由下列共轭进行的一对电化学反应组成,所涉及的电子数分别为$n=1$和$n=-1$。

$$BH_4^- + OH^- \longrightarrow BH_3(OH)^- + H_{吸} + e^- \quad (2.10a)$$

$$H_2O + H_{吸} + e^- \longrightarrow OH^- + H_2 \quad (2.10b)$$

如果认为上两式中涉及的$H_{吸}$与一般电化学释氢反应中涉及的$H_{吸}$并无不同,则这一对共轭反应只能在电极电势比RHE更负时才能发生,即BH_4^-的水解反应($n_{总}=0$)只在电极电势负于RHE的电势范围内发生;但若认为上式中涉及的$H_{吸}$可能比一般电化学释氢反应中涉及的$H_{吸}$具有更高的能量(由于来自还原性更强的BH_4^-),则析氢反应和水解反应也有可能在电极电势比RHE更正一些的电势区间内实现。目前已有的实验结果似乎还不能对这两种可能性作出判定。

在许多具有较强吸附氢原子能力的电极表面上(如Ni、各种"储氢合金"、Pt、Pd等),BH_4^-可在RHE电势附近的电势区域内输出较高的氧化电流。在较低的电流密度下$n_{总}<4$,而在较高的电流密度下$n_{总}$趋近于4[13]。这些实

验结果很容易被解释为在小极化下(主要是在比 RHE 更负的电势区间内) $n_总=0$ 的水解反应和 $n_总=4$ 的"四电子反应"同时进行；而在较大极化下(主要是在比 RHE 更正一些的电势区间内)四电子反应($n_总=4$)为主要反应途径。(2.9b)式的反应历程可写成：

$$BH_4^- + OH^- \longrightarrow BH_3(OH)^- + H_{吸} + e^- \quad (2.11a)$$

$$H_{吸} \longrightarrow 0.5H_2 \uparrow \quad (2.11b)$$

由于在高活性 BH_4^- 的电氧化过程中释出的 $H_{吸}$ 显然很可能具有较高的反应活性,(2.11b)式应能高速进行。热力学计算表明,与四电子反应对应的平衡电极电势 $\varphi^0_{BH_4^-/BO_2^-,H_2}$ = $-1.66V$。

在图 2.15 中示意地画出了在 RHE 附近的电势区间内

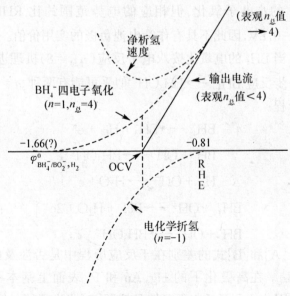

图2.15

各个分反应的进行速度(用电流单位表示)、输出净电流和析氢速度随电极电势的变化。这些推论与已报道过的实验结果完全一致[13]。

从实用角度考虑,当 BH_4^- 的电氧化主要按四电子反应进行时会引起两方面的问题:

(1)与 $n_总=8$ 的反应途径相比,损失了50%放电容量;在开路电势下进行的水解反应则将引起不可容忍的自放电容量损失。

(2)伴随放电有大量氢释出,造成设计电池的困难,即使在不输出电流时也无法封闭电池中的泄气孔道。

因此,为了实现真正具有实用价值的高能 BH_4^- 电池,关键在于实现以八电子反应为主的电氧化反应。已知在 Au,Hg 和处于氧区(即不存在 $H_{吸}$)的 Pt 表面上可以实现 BH_4^- 的八电子氧化,但相应的电势范围约比 RHE 更正 $0.6\sim0.8V$,因此不具有作为电池负极的实用价值。

当 BH_4^- 的电氧化按八电子反应($n_总=8$)机理进行时,第一步反应 $BH_4^- \longrightarrow BH_3OH^-$ 似乎可能有两种 $n=2$ 的反应历程:

$$\left.\begin{array}{l} BH_4^- \longrightarrow BH_3^{\cdot} + H_{吸} + e^- \\ BH_3^{\cdot} + OH^- \longrightarrow BH_3OH^- \\ H_{吸} + OH^- \longrightarrow H_2O + e^- \end{array}\right\} \quad [A]$$

或

$$\left.\begin{array}{l} BH_4^- + OH^- \longrightarrow BH_3^{\cdot} + H_2O + 2e^- \\ BH_3^{\cdot} + OH^- \longrightarrow BH_3OH^- \end{array}\right\} \quad [B]$$

[A]和[B]式的差别在于反应历程中是否涉及中间粒子 $H_{吸}$。在高极化下的 Hg,Au 和 Pt 表面上基本不存在 $H_{吸}$,因此八电子反应很可能是按照[B]式进行的。然而,对

于一些较活泼的金属,当电极电势在 RHE 电势附近时表面上应该不缺乏 O^{2-},OH^- 等,但 BH_4^- 并不能按八电子反应机理氧化。由此可见,[B]式涉及的反应活化能可能较高,因而只能在大极化下实现。

如果上述推理基本正确,则在较小极化下实现[A]式的前提应为该式的进行速度能与 $H_{吸}$ 的复合速度有效地进行竞争,即需要有效地抑制 $H_{吸}$ 的复合(生成 H_2),而增大 $H_{吸}$ 与附近表面上含氧粒子的反应速度。

由以上的讨论可见 DMFC 和 DBFC 的负极反应可能涉及一个共同的问题,即为了使负极反应能高效顺利地进行,似乎均有必要在负极表面上引入反应活性较高的含氧粒子。在 DMFC 的负极上,这样做是为了氧化破坏引起电极中毒的 $CO_{吸}$ 和 $COH_{吸}$ 等,借以保持电极表面对甲醇电氧化的高催化活性;而在 DBFC 的负极上,这样做是为了促进 BH_4^- 按八电子反应机理电氧化。

至于以上推论究竟是否正确以及是否能有效地实现 BH_4^- 的八电子氧化,则有待今后的研究结果证明。

2.7 周期表中"被忽略了的"元素板块

综观周期表,可见已用作电极活性材料的主要只限于元素周期表中处于中部以上的诸元素。这主要是由于处于周期表中部以下的元素太重了(电化学当量太高)。然而,在元素周期表中部以上的诸元素板块中,得到应用的主要是氢、较轻的碱金属和碱土金属元素和若干电化学当量较小的过渡金属元素。在剩下的元素板块中,惰性气体缺乏反应能力和卤素元素的氧化性太强,都不宜用作电极活性材料;这些都是易于理解的。然而,主要在周期表的右上方还存在一个由非金属元素(B,N,C,Si,P等)和少数离子价态较高的轻金属(Al,Ti,V,后二者不在元素周期表右上方)等具有低电化学当量的元素所组成的"轻元素"板块,迄今在电池制造中很少受到重视。在以这些轻元素为主的化合物中,除了已在一次电池中应用和试用卤素间化合物和硫卤氧化合物作正极活性物质外,只是在近年内初步得到发展的 DMFC 和 DBFC 中涉及包括这一板块中某些元素的化合物。因此,特别从用作负极材料的角度看,这些轻元素似乎是"被忽略了的"元素板块。

事实上,若仅从热力学性质考虑,这些轻元素本应有可能用于组成高能电池体系的负极(见表 2.7,为了比较其中还列出了锌-空气电池的参数)。

表 2.7 由轻元素或轻元素间化合物负极构成的空气电池的理论参数

负极	n	$-\Delta G^0$(kJ)	E^0(V)	W·h/kg	mA·h/g
B	3	592	2.05	15 260	7 444
C	4	394	1.02	9 140	8 926
Al	3	788	2.72	8 116	2 978
Si	4	805	2.09	7 964	3 816
V	3	567	1.96	3 096	2 630
Ti	4	853	2.21	4 950	2 238
TiB_2	10	1737	1.80	6 941	3 856
VB_2	11	?	ca.1.8	6 600	4 066
AlB_2	9	?	?	?	4 963
Zn	2	318	1.65	1 302	822

从表 2.7 中看,由这些轻元素或轻元素间化合物作为负极构成的空气电池体系的 E^0 大多在 2V 左右;而且,由于负极材料的电化学当量较低和反应中涉及的电子数较高,这些体系的理论比能量都很高,显著优于用锌负极组成的空气电池。

然而,所有表 2.5 中列出的轻元素单质(B,C,Al,Si,V,Ti)作为电池负极大都有一个共同缺点,即在大多数常用的电池电解液中均呈现电化学钝性。从电极材料的稳定性角度看,这些负极呈现一定程度的钝性可能也是必要的。若不是负极表面稳定地钝化了,这类理论开路电势在 2V 左右的空气电池体系中的负极必将激烈地与水溶液反应并释出氢气。碱性溶液中的 Al 负极就是后一类情况的例子。Ti 和 V 在不同 pH 和电势下的稳定性见图 2.16(a),(b)。

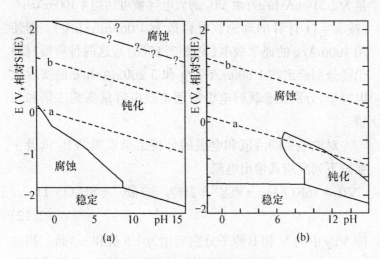

图 2.16 pH 电位图中的稳定性区域
(a)Ti;(b)V

从图中可知,在从微弱碱性到强碱性溶液中二种金属在理论平衡电势下均处在钝态。我们的实验结果还显示,由 B,C,Si 等单质组成的负极在上述条件下也几乎完全不具有输出阳极电流的能力。造成这种情况的原因则可能来自两个方面:一是表面钝化,另一是这些元素单质本身的导电性差(例如 B)。

我们最近的实验研究表明[14],某些轻元素间的化合物,特别是轻元素硼化物,可能具有很高的电化学活性。图 2.17 中显示 TiB_2 和 VB_2 在 30%KOH 中作为负极活性材料时的电化学行为。在用很慢扫描速度(0.05mV/s)测得的单周循环伏安曲线上(见图 2.17(a)),TiB_2 和 VB_2 均能在 -0.8V 附近给出阳极电流峰。根据电流峰面积可知,TiB_2 的放电容量可达 2 200mA·h/g(按 $n=6$ 计算的理论放电容量为 2 314mA·h/g);而 VB_2 的放电容量可达约 4 100mA·h/g (按 $n=11$ 计算的理论放电容量为 4 063mA·h/g)。即使用 100mA/g 的速率放电(见图 2.17(b)),这两种负极材料仍能分别给出约 1 600mA·h/g 和 3 200mA·h/g 的实际放电容量,分别比金属锌电极的理论放电容量高约二倍和四倍。

对放电后的溶液和电极的分析结果表明,VB_2 负极主要按下列反应式输出电流:

$$VB_2 + 16KOH \longrightarrow VO_4^{3-} + 2BO_2^- + 16K^+ + 8H_2O + 11e^- \tag{2.12}$$

即 VB_2 中的 V 和 B 原子分别氧化为 +5 价和 +3 价。高达 11 个电子能协和放电并形成单一的放电平阶,是殊为罕见的。TiB_2 负极的电氧化反应则基本按下式进行:

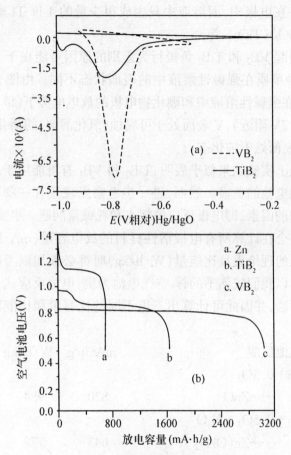

图 2.17 VB$_2$ 和 TiB$_2$ 作为负极材料时的放电行为
(a)循环伏安曲线;(b)恒电流放电曲线

$$TiB_2 + 8KOH \longrightarrow 2BO_2^- + 8K^+ + Ti + 4H_2O + 6e^-$$
(2.13)

即阳极反应中只有 B 氧化为 +3 价,而 Ti 几乎不参加反应

(放电后负极的光谱分析结果证明,极大部分的 Ti 放电后仍保持在电极中,而溶液中只生成很少量的 4 价 Ti 离子,如 $HTiO_4^-$,TiO_4^{2-} 等)。

引起 VB_2 和 TiB_2 负极行为差别的原因可能在于 V 和 Ti 两种单质在强碱性溶液中的表面状态不同。由图 2.16 可知,在强碱性溶液中和硼化物电极的放电电势下(该图中约 $-0.7V$ 附近),V 表面处于可腐蚀(氧化溶解)的活化态,而 Ti 表面处于钝化态。

以上实验结果似乎表明,TiB_2 和 VB_2 有可能用于组成高比能电池的负极。然而,进一步考察发现还有一项不能不考虑的因素,即电极反应的耗水和耗碱量问题。事实上,这是一个在计算所有电极活性材料的放电容量($mA·h/g$)和电池的理论重量比能量($W·h/kg$)时都必须加以考虑的因素。以我们较熟悉的锌-空气电池为例,电池反应式可有三种写法,并因此可计算出三组不同的比容量和比能量数值:

电池反应	$mA·h/g$	$W·h/kg$
$Zn+0.5O_2 \longrightarrow ZnO$	820	984
$Zn+0.5O_2+H_2O \longrightarrow Zn(OH)_2$	643	772
$Zn+0.5O_2+2KOH \longrightarrow 2K^+ + ZnO_2^- + 2H_2O$	302	362

以上计算 $mA·h/g$ 及 $W·h/kg$ 值时均未考虑氧的重量,因此放电容量值基本上可视为负极的放电容量;$W·h/kg$ 则是按空气电池的输出电压为 1.2V 求得的。由以上计算数据可见,随着负极反应生成物为氧化物或氢氧化物或含氧

阴离子,负极反应的实际放电比容量值依次递减。

从这一角度看,锌-空气电池具有较显著的优越性。实际经验表明,锌-空气电池每 A·h 容量只需配备约 0.5mL 的 30% KOH,且这一碱量在电池充分放电后也并未耗尽。由此估计,电池反应中很可能是主要生成 ZnO。这也是实际锌-空气电池的比能量有可能达到 300~400W·h/kg 的重要原因之一。

与此相反,我们发现当 Ti 和 V 的硼化物放电时耗碱量很大。图 2.17 所示结果是在大量剩余碱液中测得的。若严格控制碱溶液量,则两种硼化物的放电容量均大幅降低。由此估计,在碱性溶液中这两种硼化物负极均只能按生成含氧阴离子的机理放电,而不能按生成氧化物或氢氧化物的机理工作。如分别按(2.12)和(2.13)反应式的左侧包括 KOH 在内的全部反应物重量计算负极活性物的理论放电容量,则 $VB_2(n=11)$ 和 $TiB_2(n=6)$ 的理论放电容量将分别降至 304 和 310mA·h/g,均已大大低于锌负极理论放电容量(820mA·h/g)。由此也可以看到,仅根据负极活性物质本身的重量来计算放电容量是不可取的。

据以上分析,TiB_2 和 VB_2 可能并不适宜于用作实际电池的负极活性材料。然而,发现轻元素间化合物负极可以实现多电子反应且具有很高的电化学活性,仍不失为一项有意义的科学进展。通过对这类化合物进一步系统探索,包括寻求适宜于这类负极活性材料高效工作的电解质体系,借以充分发挥这类化合物电化学当量轻和反应电子数高的优点,也许有可能导致开发出一类全新的高能负极材料。

参考文献

[1] W. M. Latimer. Oxidation Potentials, 2nd ed., Prentice-Hall, 1950

[2] A. J. Bard, R. Parsons, J. Jordan(editors). Standard Potentials in Agueous Solution. IUPAC, 1985

[3] C. S. Cha(查全性). Proc. 5th International Meeting Lithium Batteries.. 中国北京, 1990, 5

[4] R. Jasinski. High Energy Batteries. Pleum, 1967

[5] R. E. Davis, G. L. Horrath, C. W. Tobias. Electrochim. Acta, 1967, 12:287

[6] 陆君涛, 查全性, 严河清, 等. 化学学报, 1978, 36:257

[7] AER Energy Resources 公司技术资料, 可由该公司网站(www.aern.com)下载

[8] 查全性. 电极过程动力学导论(第3版). 科学出版社, 2002. 第7章

[9] R. Jasinski. Electrochem. Technol., 1965, 3:40

[10] E. Gyenge. Electrochim. Acta, 2004, 49:965

[11] M. V. Mirhin, H. Yang, A. J. Bard. J. Electrochem. Soc., 1992, 139:2212

[12] R. L. Pecsok. JACS, 1953, 75:2862

[13] B. H. Liu, Z. P. Li, S. Suda. Electrochem. Acta, 2004, 49:3097; J. Electrochem. Soc., 2003, 150:A398

[14] H. X. Yang(杨汉西), Y. D. Wang(王雅东), X. P. Ai(艾新平), C. S. Cha(查全性). Electrochem. Solid-State Lett., 2004, 7:A212

第三章
化学电池中正、负极之间的匹配与相互作用

3.1 前 言

从原则上说,一个化学电池中的正、负极是相互独立的,因而从理论上说可以用任一个半电池与另外任一个半电池组成电池。惟一限制是由于正、负"半电池"反向串联组成电池,故通过正、负极的电流(包括通过固态导电相的电子流与通过电解质相的离子流)必然相等。因此,电池的许多参数可以由"半电池"(氧化还原电对)的参数直接求得。例如,可根据两个半电池的电势差求得电池的理论开路电势,或根据两个半电池的电化学当量求出电池的理论比容量($A·h/kg$),等等。这样,就可以根据较少量的半电池数据计算出由这些半电池组合而成的大量不同电池的数据,显然是非常方便的。

然而,在设计具有实用价值的电池体系时情况要复杂得多。除了考虑电池应具有所希望的电压、比能量与比容

量外,还至少必须考虑以下三方面有关电池中正、负极相互匹配的问题:

(1) 需要有能兼容正、负极半电池的电解质(离子导电)体系。最好能采用单一的电解质,如各种水溶液电池中主要采用单一的酸、碱或近中性溶液作电解液,各种非水电池中也多采用单一电解质。若正、负极必须采用不同的电解质,例如当电极反应涉及溶解在电解质中的活性物质(所谓"氧化还原电池")时,就必须在两种组成不同的离子导体之间建立能将电极活性物质隔离而又能维持良好离子导电性能的界面,包括各种膜与由互不相溶的两相组成的"液/液"界面。某些高比能电化学体系(例如锂-空气电池)难以用于设计实用电池,其主要原因即在于缺乏能兼容正、负极的单一电解质体系(锂电极要求非水溶液体系,而空气电极要求水溶液体系),也难以建立能满足电池工作需要的"水溶液/非水溶液"界面。

(2) 为了电池能正常、高效地工作,正、负极的质量(用量)应适当"匹配"。

正、负极活性物质的用量(也就是充、放电容量)应该匹配,这是容易理解的;因为只有二者的充、放电容量相当,才有可能使二者均得到最充分的利用而使电池具有最高的比能量。一次电池基本上是按这一原则设计的。然而,对于二次电池,则问题要更复杂一些。为了提高二次电池使用的安全性与循环寿命,常常故意将正、负极的容量设计成不相等。在下一节中我们将详细讨论这一问题。

(3) 除了正、负极的电容量匹配外,二者的"氧化还原程度"匹配(或称"充/放电状态"匹配)也是十分重要的。任一种电极活性物质都有两种存在状态:"氧化态"和"还原态"，或"充电态"及"放电态"。对于正极活性物质而言"氧化态"相当于"充电态"，而"还原态"相当于"放电态"；对于负极活性物质，则"还原态"相当于"充电态"，而"氧化态"相当于"放电态"。

设计电池的基本原则是：正、负极活性物质的"充/放电状态"必须相同，或是同为充电态或是同为放电态。制造一次电池时，总是采用"充电态"活性材料，组成电池后即可使用；制造二次电池时，则大多采用"放电态"活性材料，装配后或使用前再通过"化成"步骤转变成"充电态"。

如果违反了这一基本原则，电池就完全失去功能。例如：Ni-Cd 电池总是用 $Ni(OH)_2$ 与 $Cd(OH)_2$ 制造（即均为"放电态"）；如采用 $Ni(OH)_2$ 与 Cd 制造，则电池既不能充电，也无法放电。同理，如果制造 Ni-Zn 电池时采用金属锌负极，则正极必须采用 NiOOH 而不能用 $Ni(OH)_2$。

还有，从原则上讲，正、负极活性物质之间应完全隔离，即二者之间不应有化学作用。任一电极中的活性物质（包括"充电态"与"放电态"）都不应该有可能在另一电极上参加电化学或化学反应。然而，实际电池中的情况往往要复杂得多。一个电极上的活性物质或电化学反应产物常常有可能通过气相或液相迁移至另一电极并参加反应。此类过程产生的后果可能是有害的（例如引起电池的内部短路与容量损耗），但有时也可以对此加以利用（例如利用电池内部的"氧循环"构成过充电保护措施）。

在本章中我们将主要从实用角度讨论实际电池中正、负极之间的匹配与相互作用，以及如何利用有关的原理来改善实际电池的性能，特别是对二次电池安全性与过充电保护的改进。

3.2 从充电控制角度看正、负极之间的匹配与相互作用

为了使二次电池达到和保持完全充电状态,同时还要避免由于不适当的过充电所引起的电池破坏,二次电池充电时大都需要一定的充电控制措施。经常采用的主要有两类措施:

首先,如果充电电压(或它的某种函数,如充电电压随时间的变化)能可靠地指示二次电池的充电程度,则利用电池电压或其微分函数来控制充电过程的完成程度应该是最方便实用的充电保护措施。各类二次电池都在不同程度上利用这一原理来进行充电控制。有些电池,如锂离子电池,更是几乎完全依靠这一原理来保证充电的安全性。

然而,正如在下一章中我们将要讨论的,粉末电极(绝大多数电池中所采用的电极均属此类)极化时均会出现粉体中不同部位电流和电化学极化的不均匀分布。换言之,充电过程中电极各处的充电程度往往是不均匀的,当二次电池以较大电流密度快速充电时更是如此。在有些情况下,即使在正常的充电电压下也会出现一些副反应,使充电效率小于100%。因此,在许多类型的二次电池充电时,均要求进行一定程度的过充电,以保证尽可能多的活性物质能转变成充电态。然而,由于电极活性物质的充电容量有限,过充电就意味着必然有额外的电化学反应发生。这样,如何使额外的电化学反应及其反应产物"无害化",就成了一个必须解决的问题。当设计密闭型电池或部分密闭型电池(例如"阀控电池")时,为了避免电池结构破坏或减少维

护,更是要千方百计地将正常充电时的副反应产物及过充电引起的额外反应产物尽可能地在电池内部全部消化掉。

为了解决上述问题,在设计二次电池时常在过充电条件下设置一个"内部循环体系"。当电池完成充电后,循环体系运行时所引起的正极反应正好是负极反应的逆反应,因此净反应(不包括能量耗散)等于零。在许多类型的水溶液二次电池中广泛采用的"氧循环"就是最常见的例子。在过充电条件下,水在正极氧化成氧气,后者在负极上再还原为水。

采用内部循环体系的另一优点是:若内部循环体系的工作电势选择适当,可以避免在过充电过程中电极活性物质因过度氧化或过度还原而引起的结构破坏与失去活性。

能否在过充电条件下建立有效的内部循环是能否成功地设计密闭型电池的关键。为什么在各种类型的水溶液二次电池中只有 Ni-Cd 和 Ni-MH 电池能设计成完全密闭型? 为什么Ni-Zn电池和 Pb 酸电池只能设计成"阀控型",以及为什么 Ni-Fe 电池只能设计成"开口型"? 这些都决定于二次电池充电时出现的副反应(包括过充电反应)是否全部"循环可逆"。在下面几节中我们将结合具体类型的电池,逐一讨论各种可能出现的情况。

3.2.1 Ni-Cd 电池的过充电行为[1]

密闭型 Ni-Cd 二次电池是"氧循环原理"首先取得的成功事例。这类电池一般设计成"贫液"式,且正极容量显著低于负极容量,即设计成所谓"正极容量限制"的电池。电池充电时正极首先达到几乎完全充电状态,此时负极中尚存有剩余的充电容量;然后正极上开始析氧并部分地扩散到负极上还原,并因此降低了负极的充电速度。随着电池内压的升高,经过一段时间后正极析氧速度与负极上氧还原的速度达到几乎相等。此后正极、负极和电池的内压均不再变化,即电池进入稳定的、由"氧循环"控制的过充电状态。

当 Ni-Cd 电池以不同倍率连续充电时,电池内压随时间的变化见图 3.1。由图中可见在正极容量未充满前电池内压保持在很低的数值,而在正极容量接近充满时电池内压迅速上升至几乎稳定的最大值。后者与充电电流成正比(见图 3.1 中插图)。停止充电后则电池内压很快地下降到很低的数值。

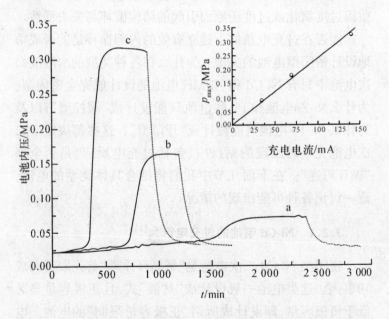

图 3.1 额定容量为 700mA·h 的 Ni-Cd 电池在充电/过充电与停止充电阶段的内压变化。充电电流(a)35mA(0.05C),(b)70mA(0.1C),(c)140mA(0.2C)

如果假设在过充电阶段正极上析氧反应的电流效率为100%，且负极上氧的还原速度对氧分压（p_{O_2}）而言为一级反应，则电池中气室内 p_{O_2} 随时间的变化可写成

$$\frac{\mathrm{d}p_{O_2}}{\mathrm{d}t} = A_O I - k_O p_{O_2} \tag{3.1}$$

式中：I 为充电电流；A_O 为根据法拉第常数和电池内的等效自由空间推导出的常数；k_O 为氧还原反应的速度常数。

当过程达到稳态后，$\frac{\mathrm{d}p_{O_2}}{\mathrm{d}t}=0$，因而有 p_{O_2}（用 MPa 表示压力，下同）$= p_{O_2,\max} = p_{\max} - 0.08$，其中 $p_{\max}$ 为相应于稳定过充电状态的最大内压值，0.08MPa 为氢的分压；$A_O I = k_O(p_{\max}-0.08)$。据此，可将(3.1)式改写为

$$\frac{\mathrm{d}p_{O_2}}{\mathrm{d}t} = k_O(p_{\max} - 0.08 - p_{O_2}) \tag{3.2}$$

然后得到

$$\ln(p_{\max} - p_{内}) = -k_O t + 常数 \tag{3.2a}$$

式中：$p_{内} = p_{O_2} + 0.08$，为电池的内压。

停止充电后 $I=0$，按(3.1)式有 $-\frac{\mathrm{d}p_{O_2}}{\mathrm{d}t} = k_O p_{O_2}$，仿照上面可以导出

$$\ln(p_{内} - 0.08) = -k_O t + 常数 \tag{3.2b}$$

(3.2a)和(3.2b)式显示：在过充电阶段，$\ln(p_{\max} - p_{内})$ 随时间线性衰减，而在停止充电后 $\ln(p_{内} - 0.08)$ 随时间线性衰减。图 3.2 为根据图 3.1 中数据绘制的半对数关系曲线。

以上的实验结果显示：在过充电时 Ni-Cd 电池内确实

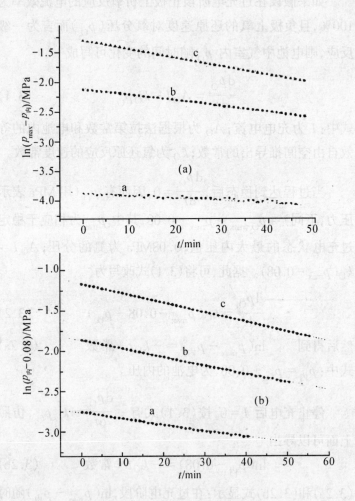

图 3.2 电池内压($p_内$)随时间变化的半对数关系
(a)过充电时;(b)停止充电后

建立了近乎理想的"氧循环"控制。此外,在过充电阶段出现的稳态电池内压并不太高,且停止充电后能在较短时间(1~2h)内消退,似乎一切"平安无事"。

然而必须指出,以上结果是用较低的倍率充电(0.05~0.2C)时测得的。如果在过充电阶段负极上有氢析出,则问题将大大复杂化。从原则上讲,如果出现下列三种情况中的任一种,均有可能导致氢在负极上析出:

(1) 如果充电电流密度过大,以致出现过大的电化学极化,则负极电势或局部位置上的负极电势有可能达到析氢电势。

(2) 如果由于设计错误或负极充电容量过快地衰退,则正负极容量的匹配可能变为不符合"正极容量限制"原则,并因此在过充电时氢、氧同时析出(甚至氢优先析出)。

(3) 如果由于电池外壳缺陷引起微漏,则在过充电阶段因氧气泄出会引起负电极充电度相对提高。电解质组分或隔膜材料的电氧化也会引起类似的效应。而一旦正、负极之间的"充电程度匹配"向负极充电程度提高的方向偏移达到一定程度后,就会大大提高氢在负极上析出的危险性。

图 3.3 显示,若用高倍率(2C)充电后,则不仅在过充电阶段出现内部高压,而且停止充电后内压的消退过程也变得缓慢,甚至趋近某一较高的稳定值,即使放电也不会加快内压的消失速度。这些实验现象似乎表明:在高倍率充电时电池内部出现了难以被吸收的气体组分,很可能是氢在负极上析出。

若将 Ni-Cd 电池中的负极面积剪去 1/3 左右,借以模拟不再具有"正极容量限制"特性的 Ni-Cd 电池,则用 0.1C 充电时在"充电/过充电"过程中的电池内压变化曲线具有如图 3.4 中所示的特征:在充电阶段不仅电池内压较早地

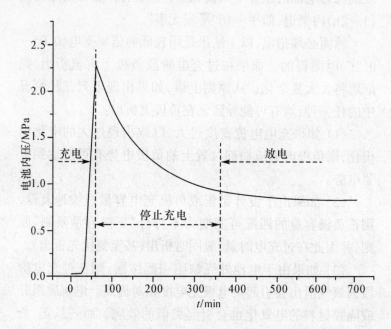

图 3.3 Ni-Cd 电池以 2C 充放电时电池内压的变化

明显升高,而且在停止充电和放电阶段内压的衰退也很缓慢,显示在电池内部生成了难以被吸收的气体。

这一现象显然与电池由"正极容量限制"转变成了"负极容量限制"有关,对于"负极容量限制"电池的充电过程,可以按图3.5分为两个阶段加以分析:

(1) 由于氢不能在电池中被较快地吸收,在"负极容量限制"的电池中,当负电容量首先被充满后,氢会在负极上以100%的电流效率析出,并保存在电池内的自由空间中。在此("第一阶段")中 $\dfrac{\mathrm{d}p_{H_2}}{\mathrm{d}t} = A_H I$ ($A_H = 2A_O$),即内压随

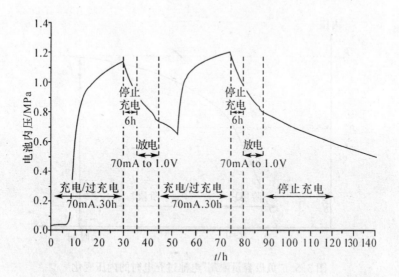

图 3.4 除去了部分负极的 AA 型 Ni-Cd 电池在充电/过充电,放电和停止充电时内部压力的变化

时间线性增长;并且,由于氢不能在正极上氧化,正极的正常充电过程不会受到干扰。

(2) 当正极的充电容量达到最大值后,过充电过程进入"第二阶段"。在此阶段中,正极上的电极过程变为氧的析出,而负极上的过程包括两部分:氢的析出与氧的还原,因此氢的析出速度逐步减慢。可以认为:

氧还原电流 $I_{O_2,还原} = k' p_{O_2}$ $(k' = k_O/A_O)$

氢析出电流 $I_{H_2,析出} = I - I_{O_2,还原} = I - k' p_{O_2}$

而气相中氢、氧分压的变化分别为

$$\frac{dp_{O_2}}{dt} = A_O(I - I_{O_2,还原}) = A_O(I - k' p_{O_2}) \quad (3.3)$$

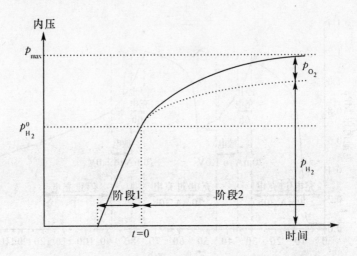

图3.5 "负极容量限制"电池过充电时的内压变化

及

$$\frac{dp_{H_2}}{dt} = A_H I_{H_2,析出} = A_H(I - k' p_{O_2}) \quad (3.4)$$

故氢、氧分压的增长速率比必为 $\frac{A_H}{A_O} = 2$。(3.3)和(3.4)式的解分别为

$$p_{O_2} = p_{O_2,max}[1 - \exp(-k_O/t)] \quad (3.5)$$

及 $p_{H_2} = p_{H_2}^0 + 2p_{O_2} = p_{H_2}^0 + 2p_{O_2,max}[1 - \exp(-k_O/t)]$

$$(3.6)$$

和 $p_{内} = p_{H_2} + p_{O_2} + 0.08$

$$= p_{H_2}^0 + 0.08 + 3p_{O_2,max}[1 - \exp(-k_O/t)] \quad (3.7)$$

在(3.5)~(3.7)式中,$p_{O_2,max} = 1/k' = A_O I/k_O$,而 t 是从第二阶段开始时起算的。当 $t = 0$ 时,$p_{H_2} = p_{H_2}^0$,$p_{O_2} = 0$,而

当 $t \to \infty$ 时电池内压为最大值 $p_{max} = p_{H_2}^0 + 0.08 + 3p_{O_2,max}$。

由此可见,在过充电的"第一阶段",只有氢生成,而在"第二阶段"中按 $H_2:O_2 = 2:1$ 生成等当量 H_2/O_2 混合气。生成混合气的净速度随时间减慢,最后达到稳态(即 dp_{O_2}/dt,dp_{H_2}/dt 均等于零)。达到稳态后负极上不再析氢,而正极上氧的析出速度与负极上氧的还原速度相等($I_{O_2,析出} = I_{O_2,还原} = I$)。换言之,负极容量限制的电池当过充电过程达到稳态后又回到了"氧循环控制",真可谓"万变不离其宗"。然而,与正极容量限制的电池不同,当达到过充电稳态后在负极容量限制的电池内部出现了难以消除的高氢分压,如果不能在停止充电或放电阶段有足够时间缓慢地消除,则显然将形成安全隐患。

从上面的讨论可以看出,虽然在密闭 Ni-Cd 电池的设计中"氧循环"原理得到了成功的应用,但这种类型的电池也决非"傻瓜电池"。除了电池中所含 Cd 具有毒性必须谨慎处置外,过于频繁的高功率充放电还是有可能在电池内部引起高内压,而设计电池时对保有足够剩余负极容量的原则也决不可轻视。

3.2.2 Ni-MH 电池的过充电行为[1]

Ni-MH 二次电池也是按"正极容量限制"原理设计的密闭型二次电池。所企望实现的目标是在过充电状态下按"氧循环"机理运行,使电池内部达到组成不再变化的稳定状态。图 3.6 显示当 Ni-MH 电池充电/过充电时电池内压的变化情况,以及稳态电池内压与充电电流之间的线性关系。比较图 3.1 和图 3.6 可以看到，Ni-MH 二次电池和 Ni-Cd 二次电池的过充电行为是十分相似的，包括较温和的稳态电池内压和停止充电后内压能较迅速地衰退。考虑到在 Cd 负极和 MH 负极上氧都能较顺利地被还原，这种相似性也似乎是理所当然的。

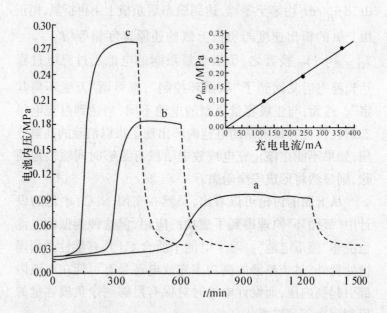

图 3.6 额定容量为 1 200mA·h 的 Ni-MH 电池在充电/过充电时与停止充电后电池内压随时间的变化
充电电流：a 为 120mA(0.1C)，b 为 240mA(0.2C)，c 为 360mA (0.3C)

然而，如果我们进一步考察在这两种二次电池中氢的行为，就会发现二者间有显著的差别。为此，我们设计了如图 3.7(a) 所示的实验装置。这主要是一具刚好能装下

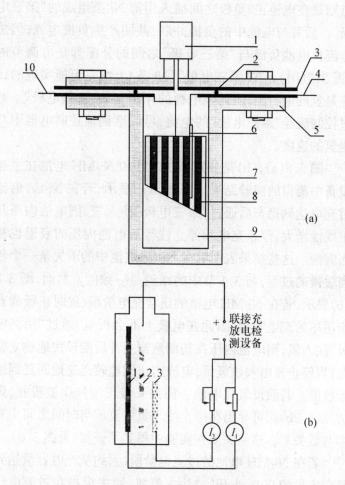

图 3.7　实验装置和实验电路图
(a)实验装置:1.压力传感器,2.O-形环,3.垫圈,4.第三电极接线,5.不锈钢筒,6.第三电极,7.电池负极,8.电池正极,9.顶部有小孔的 AA 型电池,外壳兼作负极接线,10.正极接线
(b)实验电路图:1.负极,2.正极,3.第三电极

一只5号圆柱型电池并附有压力传感器的高压容器,其特点则是在电池正、负极之间插入用薄Ni条组成的"第三电极"。后者与电池中的负极并联,共同产生负极电流,但总电流在电池负极与"第三电极"之间的分配却是可调节的(图3.7(b))。在"第三电极"(Ni条)上惟一可能实现的反应是氢的电析出,因此该电极的作用有如"注氢电极"。通过控制流经"第三电极"的电流,可以准确地控制电池中产生氢的速度。

图3.8(a),(b)是分别用Ni-Cd和Ni-MH电池在上述设备中测得的实验结果。图3.8(a)显示,若在Ni-Cd电池过充电达到稳态后通过"第三电极"注入氢,则电池内压几乎线性增大,停止充电和停止注氢后电池内压的衰退也相当缓慢。这些结果表明氢在Ni-Cd电池中的消失是一个相当缓慢的过程,与3.1节中的结论是一致的。然而,图3.8(b)表示,若在Ni-MH电池的正常充电阶段(此时正极尚有未用尽的充电容量,因此在电极上不会析氧)通过"第三电极"注入氢,则电池内压在初期急剧上升后能较快地建立稳态;当停止充电和注氢后,电池内压则能较迅速地回复到原始数值。若假设氢在电池中能按一级反应规律被吸收,则仿照(3.2b)式可导出在停止注入氢后氢压与时间之间应有半对数关系。这一关系在实验中得到了证实(见图3.9)。

若在Ni-MH电池的过充电阶段(大约从充电容量达到额定容量的90%处开始)注入氢氧,用来模拟在过充电阶段中正、负极上同时分别析出氧和氢,则电池内压的变化如图3.10所示。从这一组实验结果可以看到:即使在正极析氧的同时在负极有氢析出,甚至负极电流全部用于析氢(见图3.10中曲线d),在Ni-MH电池内也能建立稳态内压,且

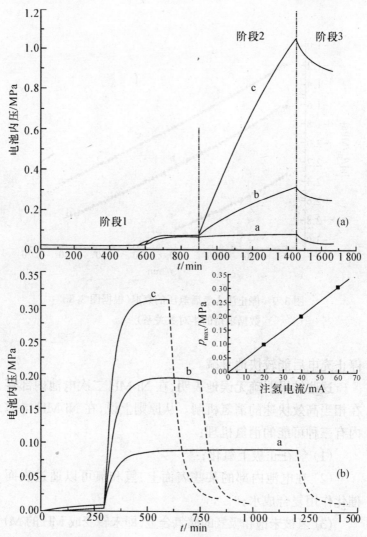

图 3.8 实验结果
(a)注入氢对 Ni-Cd 电池内压的影响,第一阶段:正常充电/过充电,第二阶段:注入氢 a, $I_1 = 70mA$, $I_2 = 0$, b, $I_1 = 70mA$, $I_2 = 10mA$, c, $I_1 = 70mA$, $I_2 = 20mA$, 第三阶段:停止充电及注氢;
(b)在正极容量充满前开始注氢对 Ni-MH 电池内压的影响

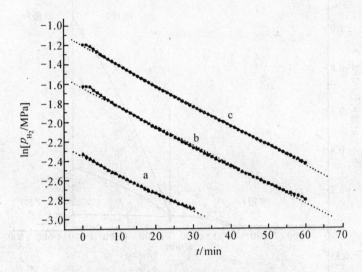

图 3.9 停止注入氢后氢压的衰退(根据图 3.8b 数据求得的半对数关系)

停止充电后能较快地衰减。

这些结果明确无误地表明,在 Ni-MH 二次电池内部存在相当高效快速的消氢机制。从原则上说,在 Ni-MH 电池内有三种可能的消氢机理:

(1) 氢在正极上氧化;

(2) 在电池内部的某些表面上,氢和氧可以通过表面催化作用复合成水;

(3) 氢被未饱和吸氢的储氢合金(即未转变成 MH 的 M)所吸收。

考虑到 Ni-Cd 电池中采用与 Ni-MH 电池中基本相同的正极,而 Ni-Cd 电池内几乎不具有消氢能力,上述第一种

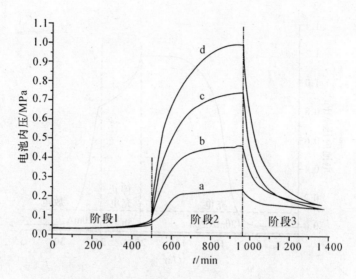

图 3.10 注氢对 Ni-MH 电池内压的影响

第一阶段:120mA 正常充电及过充电;

第二阶段:注氢 a, $I_1 = 120$mA, $I_2 = 0$, b, $I_1 = 80$mA, $I_2 = 40$mA, c, $I_1 = 40$mA, $I_2 = 80$mA; d, $I_1 = 0$, $I_2 = 120$mA;

第三阶段:停止充电及注氢

机理(正极氧化机理)似乎不可能成立。

图 3.8(b)所显示的实验结果则表明,至少在该实验条件下(负极中有剩余充电容量,即存在未饱和吸氢的储氢合金)消氢过程可以不涉及氧。换言之,第三种机理应属可能。为了从另一角度证明这种机理的可能性,我们还试将 Ni-MH 电池中的负极剪去约 1/3,再测定充电/过充电时的电池内压变化曲线,所得结果如图 3.11 所示。

该图显示,不再具备"正极容量限制"条件的 Ni-MH 电

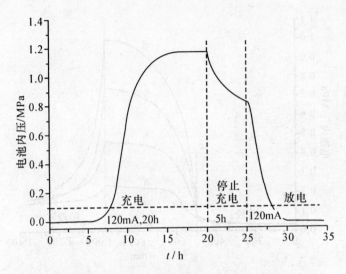

图 3.11　除去了部分负极的 Ni-MH 电池在充、
放电过程中电池内压的变化

池在过充电时会出现很高的电池内压,且停止充电后内压的衰减速度很慢。由此可见,当负极容量减少以致在过充电阶段负极中不再含有剩余的未饱和吸附氢的储氢合金时,电池也就失去了消氢能力。图 3.11 所采用的实验对象与所得结果与图 3.6 均十分相似,所测试的都是不具备"正极容量限制"条件的电池。因此,图 3.11 中的实验结果也证实了用图 3.5 表示的理论分析的正确性。总之,这些实验结果均支持前述第三种可能性,即在 Ni-MH 电池中剩余的氢主要是通过吸收机理消除的,其前提则是负极中存在剩余充电容量。

至于是否存在氢、氧之间直接催化复合生成水的反应,

则是一个难以用实验直接证明的问题,因为通过氢、氧与储氢合金的反应也可以间接达到复合氢氧的结果:

$$4MH + O_2 \longrightarrow 4M + 2H_2O$$
$$+)4M + 2H_2 \longrightarrow 4MH$$

净反应: $\quad O_2 + 2H_2 \longrightarrow 2H_2$

可以肯定的则是,如果电池在过充电时同时析出氢和氧,则在过充电条件下 Ni-MH 电池中混合气的消失速度也是比较快的。图 3.12 显示当 Ni-MH 电池先充足电后,再利用正极和第三电极充电注入氢、氧混合气,则电池内压也可渐趋稳态值,且停止充电后能较快地衰减。

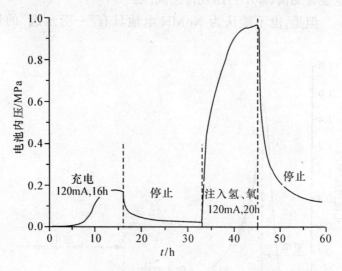

图 3.12 在 Ni-MH 电池中注入 2:1 氢、氧混合气对电池内压的影响

综上所述,本节中所介绍的全部实验结果均明确地证明,Ni-MH 二次电池与 Ni-Cd 二次电池的过充电行为有一个很大

的不同:后者在过充电时若发生氢的析出则电池内部会出现不易消除的氢分压;而前者则具有明显的消氢能力,即使在过充电时有氢析出也不会形成持续高压。这一差别可能对电池的选用,特别是对那些需要电池频繁充电/过充电的场合(也许包括在混合电动车中的应用),会有一定的影响。

也正是由于认识到这种差别,我们曾试用添加储氢合金来改善 Ni-Cd 电池用高倍率过充电时的行为[2]。图3.13显示(与图 3.3 比较),若在 Ni-Cd 电池的负极上以适当方式加入储氢合金粉,则用高倍率过充电后所产生的电池内压不仅在数值上较低,而且在停止充电后内压的衰退速度也显著加快,即不再出现持续高压。

但是,也不能认为 Ni-MH 电池具有"一劳永逸"的优

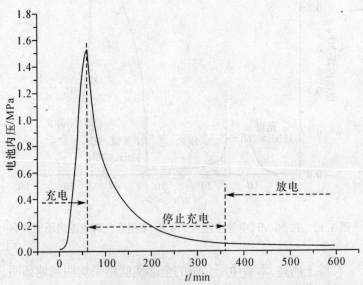

图 3.13 负极加入储氢合金粉后 Ni-Cd 电池以 2C 充放电时电池内压的变化

势。Ni-MH 电池的负极剩余容量可能因以下两种过程的发生而逐渐丧失：

(1) 储氢合金在碱性溶液的腐蚀，同时有氢气析出；

(2) 隔膜、正极集流体以及电解液中的某些组分，在正极上的电氧化也会提高负极的充电程度和减少负极中的剩余充电容量。

其中第一项导致双重的不良后果：一方面由于储氢合金的减少而使储氢容量降低，另一方面又由于腐蚀过程所产生的氢能被储氢合金吸收而提高吸氢饱和程度。因而，合金的腐蚀会引起剩余储氢容量的双重损失。

经验表明：Ni-MH 电池经过几百次循环后，往往出现电池内压升高与容量下降，其中负极腐蚀引起的负极容量损失和充电程度过高，很可能是造成电池内压过高与性能较早衰退的重要原因之一。

从这一角度看 Ni-Cd 电池则是更安全的，因浓碱溶液中 Cd 电极的平衡电势比同一溶液中的平衡氢电极电势(RHE)略正一些(见下节)。换言之，Cd 在浓碱溶液中具有热力学稳定性。

由此也可以看到设计 Ni-MH 电池时保证负极有足够剩余充电(吸氢)容量的重要性。减少负极活性物用量就可以多装入正极活性物质，并因此提高电池的初期容量。但这样做却是以安全性和循环寿命为代价的，因此必须谨慎为之。

3.2.3 Ni-Zn 电池的自放电与过充电行为

Ni-Zn 电池亦属采用碱溶液的二次电池，其中所采用的正极与 Ni-Cd 及 Ni-MH 电池中所采用的基本相同。因此，在 Ni-Zn 电池中正极的行为应与 Ni-Cd 及 Ni-MH 电池的基本相同,而Ni-Zn电池的特点主要来自负极,即锌电极。锌电极的特点是电极电势较负和电化学当量相对较低,因而Ni-Zn电池具有较高的电压和比能量。然而,从电池自放电和过充电行为的角度看,锌负极最主要的特点是由于其电势较负致使在碱溶液中负极有较快的自溶解速度,以及过充电时负极上的析氢速度较高。

在Ni-Cd电池中,Cd负极的平衡电势为$-0.804V$(当在pH=14的溶液中与"活性$Cd(OH)_2$及$HCdO_2^-$"平衡时),比同一溶液的平衡氢电极电势(RHE,$-0.83V$)更正;而在Ni-MH电池中储氢合金MH与一定的氢分压平衡(一般小于0.1MPa)。因此,在这两种电池中均可不考虑负极的自放电行为。储氢合金本身的溶解则是一个相对说来很慢的过程,要在几百周循环中才逐渐表现其效果(见上节)。Ni-Cd和Ni-MH电池的自放电,主要是正极上氧化程度较高的Ni的氧化物与水作用析氧,然后氧又转移到负极上引起负极活性物质氧化,造成每月约15%~30%的容量损失。

锌负极的电势($-1.2V$)则要比Cd和MH电极负得多。虽然锌表面上的氢超电势较高,且制备负极时常采用汞齐化、加入合金元素(Pb,Bi,In等)或是在碱液中加入有机或无机缓蚀剂等措施来减缓析氢速度,Ni-Zn电池的自放电(主要是负极溶解析氢)速度仍然要比Ni-Cd,Ni-MH电池大得多,为设计密闭式电池造成重大困难。与后两种电池一样,Ni-Zn二次电池也总是设计成"正极容量限制",并企图在过充电阶段实现"氧循环"以控制电池内压。然而,仍然不能完全避免当电池开路或过充电时在负极上析出氢。

氢的析出为设计密闭式二次电池造成很大的困难,主要是在电池内部一般不存在具有"消氢"(不论是氢的电氧化或是氢、氧复合成水)能力的表面或部件(有一定实验结果显示,当 Ni 正极高度充电时可能具有虽然不高,但仍可测出其影响的消氢能力;然而,这一能力随充电过程终止而很快地消失)。与此相比,实现"消氧"则要容易得多。几乎在所有的电池负极(Cd,MH,Pb,Zn,Fe…)表面上,氧都能顺利地电还原,或引起负极活性材料(充电态)的氧化,其反应速度大都由氧的传质速度控制。这也是"氧循环"原理得到广泛应用的根本原因。

下面我们进一步分析在 Ni-Zn 电池中,由于自放电过程和过充电过程往往涉及氢的析出,对在电池中实现氧循环和电池的可密封性会有什么影响:

由图 3.14 可知,当充电后锌负极自放电时会有氢气析

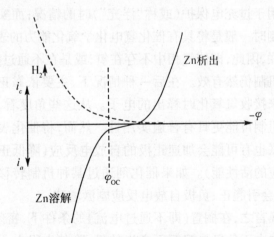

图 3.14 在开路电势(φ_{OC})附近锌负极上的反应

出,同时金属锌氧化生成固态氧化物或是往往在液相中生成过饱和的含氧锌负离子,后者还可能进一步在正极和负极的孔隙中沉积。由于在电池中还不断生成不具有进一步反应能力的气态氢,逐使负极充电容量逐渐下降并造成正、负极充电容量不平衡,同时使(密闭)电池中出现愈来愈高的氢分压。若将生成的氢排出电池,虽可消除内压,但不能改正正、负电极充电容量的不平衡。补充充电也不能纠正这一情况,因为,若设电池内部不存在能使氢、氧复合生成水的催化表面,则补充充电时正极上析出的氧仍终将与负极活性物质(金属锌)结合,即抵消了补充充电对负极容量的影响。惟一能改正这种情况的办法是在电池内部设置消氢机制,使电池中多余的氢得以在正极上电氧化,或是与正极上产生的氧复合成水。从原则上说,这两类消氢机制有些不同:实现复合机制时要求气相中有氧的不断供应,因而只适用于过充电保护(或称"浮充")时的情况;而实现电氧化机制时一般是将具有催化氢电化学氧化能力的表面与正极并联,因此,即使气相中不存在氧,或是在不通过电流时,这一机制仍然有效。在后一种情况下,主要依靠正极活性物质来接收氢氧化时释出的电子。从这些角度看,电氧化消氢机制可能更具有普遍实用性。然而,将催化表面与正极并联也有可能会加速正极的自放电反应(降低正极氧析出反应的活性能)。如果催化剂通过某种机制转移到电极上,还会引起正、负极自放电反应剧激增速。

换言之,在搁置(即不通过电流)的条件下,密闭 Ni-Zn 电池中由于负极自溶解而产生的氢,除其中很少一部分可能与氧复合或与正极活性物质作用而消除时,主要只能通过在"具有氧化氢能力"的正极(例如将具有氧化氢能力的

催化电极与正极并联)上反应而消除。而在过充电("浮充")条件下,正、负极上的反应可用下式表示:

正极上: $4OH^- \longrightarrow O_2\uparrow + 2H_2O + 4e^-$

负极上: $4xH_2O + 4xe^- \longrightarrow 2xH_2\uparrow + 4xOH^-$

$\underline{(1-x)O_2 + 2(1-x)H_2O + 4(1-x)e^- \longrightarrow 4(1-x)OH^-}$

净反应: $2xH_2O \longrightarrow xO_2 + 2xH_2\uparrow$

以上诸式中 x 为还原电流中析氢电流所占的份额,氧还原电流的份额则为 $(1-x)$。在这种情况下,充电反应在电池内的净生成物为 $H_2:O_2 = 2:1$ 的混合气,因此原则上应可用氢、氧复合催化剂来消除。

从以上讨论可见,从物料平衡和电量平衡的角度考虑,只要电池内配备有适当消氢能力的催化剂或电催化表面,Ni-Zn 电池还是有可能设计成完全密闭型的。从原则上说,只要涉及的反应不超出可逆氧化还原反应,则设计为密闭电池的可能性总是存在的。而只要 Ni-Zn 电池内部具有消氢能力,就应视为符合这一前提。

然而,问题在于 Ni-Zn 电池自放电、充电及过充电过程中出现的析氢过程的进行速度有可能达到较高的数值,而电池内部的消氢速度及其安全可靠性仍往往有限。因此,Ni-Zn 电池仍然主要设计成"阀控"型(并一般在电池中设置复合消氢机制),而不是完全密闭型。从前面的分析可知,复合消氢机理应能消除电池"浮充"时产生的混合气,但不能消除由于负极自放电而生成的氢。事实上,复合消氢的效果也很难达到百分之百。作为"阀控"型电池,在搁置、放电和充电时均难免仍有气体逸出。若逸出的是 $H_2:O_2 = 2:1$ 的混合气,则意味着电池逐渐失水干枯;若两种气体之间的比例不等于 2:1,则还会引起正、负极活性物质充电程度和充电容量的不匹配,并影响电池的放电容量,甚至可能因此破坏"正极容量限制"条件,导致在充电过程中氢早期在负极上激烈析出。因此,除了在电池内部设置消气机制外,还需要严格控制电池的工作条件,特别是避免过度充电与负极容量衰退,借以尽可能减少气体逸出电池。

Ni-Fe 电池中采用 Fe 负极。虽然碱性溶液中 Fe/Fe(OH)$_2$ 电极的电势($-0.88V$)显著正于同一溶液的锌电极电势,但由于铁表面上的氢超电势要低得多,Fe 负极自放电和充电/过充电时伴随的析氢速度要比锌负极上高得多。由于这一原因,似乎从未有人企图设计密闭型或阀控式 Ni-Fe 电池(虽然从原则上说,只要有高效消氢、氧机制,这种电池设计成密闭或阀控式应仍属可能)。

从表面上看似乎还存在另一种可能性,即当电池内部的氧分压升到足够高的数值后,氧在负极上的还原电流应可承担全部过充电电流而不再析出氢,即达到如图 3.5 所示的稳态"氧循环控制"。然而,由于在负极不发生阳极氧化的全部电势区域内氢的析出是不可避免的(见图 3.14),在那些平衡电势比 RHE 更负的负极体系中,当过充电时不可能实现 100% 的"氧循环控制"。这也就是 Ni-Zn 体系与 Ni-Cd,Ni-MH 体系的根本区别。

3.2.4 Pb 酸电池的自放电与过充电行为

在酸性溶液中,Pb 酸电池正极(PbO_2-$PbSO_4$ 电极)的标准电势为 1.685V,比同一溶液中氧电极电势(1.23V)更正;而负极(Pb-$PbSO_4$ 电极)的标准电势为 $-0.365V$,比同一溶液中的氢电极电势(0.0V)更负。因而,在 H_2SO_4 溶液中两个电极均属热力学不稳定体系。此外,Pb 酸电池中所采用的纯 Pb 或 Pb 合金板栅亦属热力学不稳定,特别是正极板栅的电化学氧化腐蚀难以完全避免。由此可见,Pb 酸电池的自放电和过充电行为比 Ni-Zn 更为复杂。本节中主要参考 D. Berndt 在所著《免维护蓄电池》一书[3]中所采用的分析方法,比较分析 Ni-Cd, Ni-MH, Ni-Zn 电池与 Pb 酸电池,特别是它们的自放电和过充电行为,以及由此引起的电池密闭问题。

首先考察在完全充电的 Pb 酸电池中正、负极上可能发生的电极过程(见图 3.15):

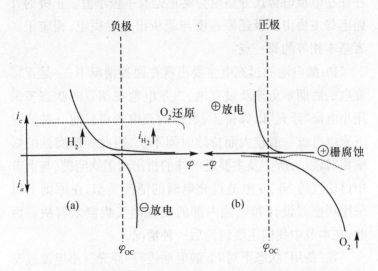

图 3.15 完全充电的 Pb 酸电池中正、负极上可能发生的电极过程

在全充电负极上可能发生三项主要的过程(图 3.15(a)),即负极活性物质的放电(电氧化)、氢的析出和氧的还原(此处未考虑负极活性物的充电,系假设负极已为全充电

态)。在静置条件下(电池开路时),若认为气室中氧的分压很低,以致负极上氢的析出速度(速度用电化学当量计算,下同)显著高于氧的还原速度,则后者的影响可以忽视。在这种情况下,负极的开路电势相应于析氢速度与放电速度在数值上相等的那一点(图 3.15(a)中 φ_{OC});若氧的还原速度不能忽视,则开路电势将更正一些。

在全充电正极上可能发生的重要过程则有(见图 3.15(b))正极活性物质的放电(电还原)、氧的析出与正极板栅的电氧化腐蚀。后者的进行速度随电势变正增长较慢,且往往在电极电势比开路电势略正处有一极小值。正极的开路电势主要由正极还原速度与氧析出速度决定,相应于二者基本相等的那一点。

Pb 酸电池的过充电主要出现在两种情况下:一是正常充电的后期难免涉及过充电,二是电池在搁置的状态多采用小电流"浮充"以保持正、负极的充电容量。前一种情况下充电电流一般较大而持续时间不长,因此板栅腐蚀的影响相对较小,所涉及主要是气体的析出与消除问题,与上节中讨论过的 Ni-Zn 电池过充电时的情况类似,在原则上可采用阀控式设计和电池内部的复合消气机制来解决。因此,在本节中我们主要讨论后一种情况。

在"备用"状态下对 Pb 酸电池进行"浮充"(小电流过充电)时所企图达到的目的主要有以下两方面:

(1) 完全抑制正、负极活性物质的放电电流($i_{\oplus 放电}$,$i_{\ominus 放电}=0$);

(2) 在满足上述前提下使 $i_{\oplus 栅腐蚀}$ 和 $i_{H_2 \uparrow}$ 尽可能地小。

满足以上第一条目的时应有

$$i_{浮充} = i_{H_2\uparrow} + i_{O_2还原} = i_{O_2\uparrow} + i_{\oplus栅腐蚀} \qquad (3.8)$$

即
$$(i_{O_2\uparrow} - i_{O_2还原}) = i_{H_2\uparrow} - i_{\oplus栅腐蚀} \qquad (3.8a)$$

实现(3.8a)式则有两种可能:首先,如果负极上的氢超电势较大,以致在 $i_{H_2\uparrow} = i_{\oplus栅腐蚀,min}$ 时所相应的负极极化已足以完全抑制负极的放电,则可采用浮充条件:

$$i_{H_2\uparrow} \approx i_{\oplus栅腐蚀,min}, \quad i_{O_2\uparrow} \approx i_{O_2还原} \qquad (3.9)$$

即基本实现完全氧循环。在这种情况下同时满足了前述两项目标,可看成是最理想的浮充条件。

其次,如果负极上的氢超电势不够高,以致 $i_{浮充} \approx i_{\oplus栅腐蚀,min}$ 时所引起的负极极化不足以完全抑制负极放电,则必须采用显著大于 $i_{\oplus栅腐蚀,min}$ 的析氢电流 $i_{H_2\uparrow}$。在这种情况下:

$$i_{H_2\uparrow} = (i_{O_2\uparrow} - i_{O_2还原}) + i_{\oplus栅腐蚀} > i_{\oplus栅腐蚀} \qquad (3.10)$$

选用较大的浮充电流与较高的析氢速度($i_{H_2\uparrow}$),是为了造成更大的负极极化(使负极电势显著偏离 φ_{∞},从而达到完全抑制负极放电(使 $i_{\ominus放电} = 0$)的目标。在这种情况下进行的浮充过程中,氧不可能实现完全循环($i_{O_2\uparrow} - i_{O_2还原} > 0$)因而在气相中会产生剩余的氧(相应于 $i_{O_2\uparrow} - i_{O_2还原}$)。同时,电池中析出的氢包括两部分(见(3.10)式),一部分与剩余的氧共组成 $H_2 : O_2 = 2 : 1$ 的"等当量氢氧混合气",另一部分(相应于 $i_{H_2\uparrow} - (i_{O_2\uparrow} - i_{O_2还原})$)剩余氢则产生于和 $i_{\oplus栅腐蚀}$ 对应的负极电流(在数值上等于 $i_{\oplus栅腐蚀}$)。前一部分气体(等当量氢氧混合气)可用"氢氧复合催化剂"来消除,而后一部分剩余氢则不能。

如果选用的 $i_{浮充}$ 太小,则可能不足以抑制负极放电。

这时尽管有浮充电流通过电池,在负极上也有氢析出,但却不能保证电池的放电容量不随时间下降,即达不到浮充的目的。

如果认为正极具有电氧化消氢能力,则在(3.8a)式右方应加列 $i_{H_2 氧化}$ 一项,即(3.10)式可改写成:

$$i_{H_2\uparrow} - (i_{O_2\uparrow} - i_{O_2 还原}) = i_{H_2 氧化} + i_{\oplus 栅腐蚀}$$

或 $(i_{H_2\uparrow} - i_{H_2 氧化}) - (i_{O_2\uparrow} - i_{O_2 还原}) = i_{\oplus 栅腐蚀}$ (3.11)

由此可知:$(i_{H_2\uparrow} - i_{H_2 氧化}) > (i_{O_2\uparrow} - i_{O_2 还原})$,分别在正、负电极上反应后剩余的氢和氧仍然是不等当量的,剩余氢多于剩余氧,因此,浮充产生的剩余氢不可能全部由复合催化剂或具有电催化氧化氢能力的正极来消除。

造成这种情况的根本原因,是正极板栅的腐蚀为完全不可逆过程。因而,为了电量守恒,在密闭体系中与此对应的那一部分氢析出过程也不可能被消除。不论在电池内部引入什么样的催化消气机制,都不能改变这一局面,即不可能消除与 $i_{\oplus 栅腐蚀}$ 对应的那一部分剩余氢。

由此可见,铅蓄电池与前面讨论过的各种碱性二次电池不同。由于 $i_{\oplus 栅腐蚀} \neq 0$,即使在原则上铅蓄电池也无法设计成完全密闭式,而只能设计成"阀控"式。这就使这类电池在使用过程中不可避免地将会有氢、氧等气体逸出,以及会因此出现的电池失水和安全性问题。

为了减少阀控式 Pb 酸电池的气体逸出及由此引起的诸多复杂问题,在原则上应有可能做到的是两件事:一件是通过对材料的选择尽可能减小 $i_{\oplus 栅腐蚀}$ 与开路电势下负极上的 $i_{H_2\uparrow}$。浮充电流必须显著高于后者,才能抑制负极放电;而 $i_{\oplus 栅腐蚀}$ 的数值则决定无法通过催化机制消除的那一部分剩余氢的产生速度。另一件需要认真进行的是科学地选择过充电("浮充")参数,使在正、负极不损失容量的前提下,电池中气体析出的速度得以尽可能地小。为了实现后一目标,系统测量浮充时各个电池中正、负极的电势可能会很有帮助。浮充时所实现的负极极化值应能完全抑制充电态活性物质放电,而又不太高以免引起氢的过快析出;正极则最好能大致保持其电势处在对应于 $i_{\oplus 栅腐蚀,min}$ 的电势区域,此时充电态正极活性物质的放电速度一般可忽略不计。

由以上对各种类型水溶液二次电池密闭可能性的讨论可知,所有类型密闭电池或阀控电池的设计均主要依靠在正极容量限制的贫液电池中实现氧循环,以避免过充电时在电池内部产生危险高压。由于氧能在所有类型二次水溶液电池的负极上顺畅地还原,这一原则适用于所有类型的水溶液二次电池。

然而,完全实现这一原则的前提是电池搁置或过充电时负极上几乎没有氢析出(氢析出速度不高于在全充电态正极上的消氢速度)。惟一例外是负极中有剩余储氢容量的 Ni-MH 电池,后者具有本征的内部消氢能力。若电池内部有显著氢析出,则不论氢的来源是负极过充电还是负极自溶解析氢,在所有密闭式二次电池(除 Ni-MH 电池外)中均会出现不易消退的危险高压。Ni-Cd 电池在搁置时和不以高倍率过充电时是稳定的和安全的,但高倍率过充电时仍可能在电池内形成很高而且不易消退的氢分压。充电态 Ni-Zn 电池和 Pb-酸电池在搁置时(开路条件下)即可发生负极溶解和氢析出,这两种二次电池和 Ni-Fe 电池在充电后期和过充电时也总会伴随有氢的析出。

如果电池内部析出的是 $H_2:O_2=2:1$ 的"等当量混合

气",应有可能利用复合催化剂将其完全复合成水;但如果电池内部生成的气体除等当量氢、氧混合气外还有剩余的氢(如同 Ni-Zn 电池内负极溶解时出现的情况),则复合催化剂对于后者无能为力,而必须在正极上并联具有电氧化消氢能力的催化电极来消除。在负极并联能吸收氢的储氢合金电极也是处理剩余氢的有效措施(参见 3.2.2),但是,由于储氢合金电极工作电势的限制,这一措施只适用于 Ni-Cd 电池。

如电池在搁置或工作(充/放电)时电池内还会出现某些组分的不可逆氧化,如正极板栅或隔膜的不可逆氧化,则与此相对应的那一部分负极电流所引起的氢析出不可能通过复合催化或正极上的电氧化来消除,而只能通过安全阀门逸出。

从以上的讨论还可以看出,在各类水溶液二次电池中共同采用电解质溶剂(水)的性质是非常特殊的,它既可在过充电时分解为氢和氧,又可以在电极上或复合催化剂表面上复原为水。这一特性在迄今研究过的二次电池体系中几乎是独一无二的。我们有时抱怨水的分解电压限制了在水溶液二次电池中某些高能活性物质的使用,但同时不应忘记水为二次电池的充电安全性提供了几乎是完美的和无可取代的解决方案。在下一节中我们将比较非水二次电池与水溶液二次电池,并进一步看到水作为溶剂的优越性。

3.2.5 锂离子电池的充电保护

锂离子电池是当今应用得最广泛的高比能二次电池。有关锂离子电池的论文和专著(例如文献[4],[5])包容浩瀚,蔚为壮观,没有必要也不可能在本小节中对锂离子电池的各个方面进行综述。本节中将只讨论锂离子电池充电保护方案的特点,并与水溶液二次电池相互比较。

由于锂离子电池中所采用非水溶剂不具有可逆分解与可逆复原的特性,无法利用类似"氧循环"之类的溶剂分解/复原反应来实现锂离子电池的充电保护。

为锂离子电池设计充电保护方案时所企图达到的主要目标是:

(1) 防止充电时非水溶剂的不可逆氧化以及正极活性材料过分氧化(锂过分脱嵌)所引起的晶格崩解和充电容量损失;

(2) 防止因负极嵌锂电极上锂超限析出而引起金属锂枝晶生成及电池内部短路。

枝晶引起电池内部短路是锂离子电池最主要的安全隐患之一;而正极活性物质过分脱锂引起的晶格变化是造成电池容量和寿命下降的重要因素。溶剂分解一方面会影响电池性能,另一方面会影响电池中正、负极剩余充电容量的匹配,从而导致电池的安全性问题与可输出容量的改变。

对于上述充电保护的第一项目标可用控制正极电势的方法来解决。各种非水溶剂均有相应的稳定性"窗口",在"窗口"包括的电势区间内非水溶剂不会发生显著的电氧化。一般采用的非水溶剂的氧化电势总在 4V 以上。正极电势不应超越溶剂的稳定性窗口。正极电势对于检测锂离子电池中正极活性物质的充电程度也是很灵敏的信号。正极充电时锂离子从晶格中脱嵌,同时引起晶格中过渡金属离子(例如 Co 离子)价态的变化和"$[Co^{3+}]/[Co^{4+}]$ 比"的变化。从 Nernst 公式可知,在充电末期 $[Co^{3+}]/[Co^{4+}]$ 比和正极电势变化特别快(见图3.16(a)),可以根据这一特性来判定正极的充电终点。

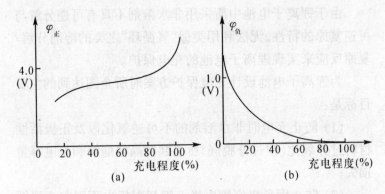

图3.16 锂离子电池中正、负极电势随充电程度变化情况的示意图
(电势值均相对于同溶液中的锂片测定)。

负极上的情况则与此不同。由于充电时嵌入碳材料内部的锂的化学势(自由能)与金属锂相差不大,大部分锂是在比金属锂电势正零点几伏的电势范围内嵌入的(见图3.16(b))。即使碳材料达到嵌锂饱和并开始有金属锂相析出时,电极电势的变化也是很平缓的。因此,很难根据负极电势来判定负极的充电终点。换言之,锂离子电池充电时电池电压的变化主要是正极活性材料充电趋向饱和所引起的,而难以利用这一参数来监测负极充电过程的完成程度。

为了绕过检测负极充电程度这一难点,设计锂离子电池时一般采用正极容量限制的原则,即电池中备有过剩的负极嵌锂材料,足以保证当电池充电达到正极活性物质的充电终点时,在负极上碳材料中仍有足够多的剩余储锂容量,即仍然远离可能析出金属锂枝晶的状态。

实践证明这一措施是基本成功的,但制造电池时在电池内备有足够过剩的负极嵌锂材料也并不能"一劳永逸"地保证锂电池的安全性。从原则上说,有三类情况可以改变负极嵌锂材料的过剩:

(1) 负极活性材料嵌锂容量的衰退速度高于正极充电容量的衰退速度。

(2) 若电池内阻较高,或是集流方式设计不当,则在充电电流较大时可能引起充电电流在负极粉体中的不均匀分布(在下一章中我们将讨论这一问题),造成局部地区中(例如粉层电极表面或集流引出线附近)碳材料储锂饱和金属锂生成(枝晶生成)。

(3) 若电解质或膜中的某些组分不够稳定,以致充电时能在正极上电氧化,则负极上将出现与此相等的"额外的"充电电流(即大于正极活性物质正常充电所引起的充电电流),使负极因充电程度提高而逐渐丧失其剩余储锂容量。在这种情况下,负极储锂材料并未因损坏而丧失功能,但由于充电程度相对提高而失去与正极充电程度的正确匹配,以致不再能防止充电时金属锂析出。

由于上述任一类情况所引起的负极(或负极局部)剩余储锂容量严重不足,均可能引起灾难性的后果。

综上所述,可以看出不论是水溶液二次电池或是非水二次电池,其充电安全性均主要建立在负极容量过剩的基础上。若这一前提消失,则在所有水溶液二次电池(包括 Ni-MH 电池)中会出不易消除的氢分压,而在锂二次电池将出现锂枝晶。从这一角度看,水溶液二次电池中的剩余氢相当于非水锂二次电池中的金属锂,都是引起安全性问题的罪魁祸首。因此,如何保证在密闭型二次电池中保有足够的负极剩余充电容量,是一个必须十分认真对待的根本问题。基本措施不外乎在设计时保证负极活性物足够过量和采用足够稳定的正、负极材料,电解质和电池结构材料,以及避免采用过大的充电电流密度,等等。近年来少数厂商采用减少负极剩余量的办法来增大电池的初始容量,从原则上说实属不值得提倡的非科学行为。

水溶液二次电池与非水二次电池的主要差别则在于水分解反应的可逆性与非水溶液不具有这一特性。因此,在水溶液二次电池中不但可以利用"氧循环"来保证过充电基本安全,当电池内部出现剩余气体后也可以引入"催化表面"来消除。在非水电池中则一般不存在类似的机制与可能性。因此,非水电池的安全性问题更严重,更不易解决。

3.3 第三氧化/还原体系在电池中的作用

电池主要由正极和负极两种氧化/还原体系组成,而两者之间一般不发生直接氧化还原反应。若两个电极之间存在第三氧化/还原体系,则其结果常常是有害的。例如,不同形态的铁离子能穿梭在正、负极之间而间接引起电池中活性物质的自放电,因此选用电池材料常仔细控制其铁含量。然而,在某些情况下第三氧化/还原体系又可能是有利的。例如,水溶液二次电池中的水与其分解产物氢、氧就可以看成是电池中第三氧化/还原体系,适当地操作这一体系对保证二次电池的充电安全性起了无可取代的关键作用。

在本节中我们将不涉及由于杂质引起的电池自放电问题,而将主要篇幅用于讨论利用第三氧化/还原体系来改进电池性能的可能性。

第三氧化/还原体系在化学电池的主要应用目标是用来对二次电池进行过充电保护。由于设计二次电池时一般采用"正极容量限制"的策略；需要保护的对象主要是电池中的正极。当然，由于二次电池在反复充、放电过程中正、负极之间的容量匹配可能发生变化，负极保护在某些情况下也是需要考虑的问题。

当目的在于保护正极时，所选用的第三氧化/还原体系的平衡电势($\varphi_{O/R}$)应适当高于正常充电时的正极电势而低于电解质中溶剂的分解电势，因此当电池正常工作(包括正常充电和放电时)第三体系主要以还原态(R)形式存在于电池中。当过充电时引起正极电势超过正常变化范围达到 $\varphi_{O/R}$ 后，R 即在正极上被氧化成 O，然后又通过电池中的传质过程转移到负极上再度被还原成 R。如此构成电池内的 R $\rightleftharpoons$ O 循环，借以控制正极电势不至于过高，从而达到防止电解质溶剂分解和正极材料因过分充电而崩解的目的，即实现过充电时的正极保护。

由于在水溶液二次电池中水的分解与复合往往能很好地起到过充电保护的作用，一般不需添加额外的第三氧化/还原体系。换言之，利用加入第三 O/R 体系来实现电池过充电保护的方法主要用于非水二次电池，特别是锂二次电池。锂二次电池可分为 2,3 和 4V 系列，其间主要的差别是采用不同的正极材料，因而有着不同的正极工作电势变化范围。据此，对用作过充电保护的第三 O/R 体系也有着不同的要求。锂电池的工作电压愈高，则要求第三 O/R 体系的 $\varphi_{O/R}$ 也愈正。有些锂二次电池，例如 Li/S 电池，具有本征的过充电保护功能，即过充时电池的电压不会超过某一可容忍的数值。虽然对这一现象所涉及的机理还不完全清楚,但无疑的是在充电过程中生成了可在正、负极之间循环反应的"氧化/还原粒子品种"。

上述过充电保护措施在原则上是可行的。例如,尖晶石 $LiMn_2O_4$ 正极材料具有 3V 和 4V 两个充、放电平阶,其中 3V 平阶的电势比二茂铁体系的 $\varphi_{O/R}$ 负 0.2~0.3V(见图 3.17(a))。

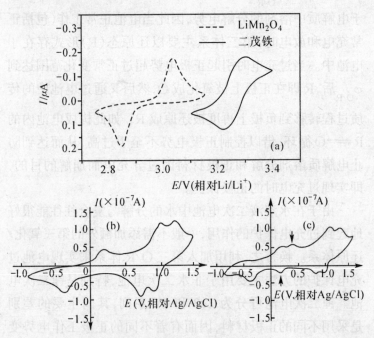

图 3.17 二茂铁和尖晶石 $LiMn_2O_4$ 反应电势的匹配
(a)3V 附近尖晶石 $LiMn_2O_4$ 和二茂铁循环伏安曲线的比较;
(b)尖晶石 $LiMn_2O_4$ 的循环伏安曲线;
(c)加入二茂铁后出现的电流峰(用箭头指示)

当两者同时存在时,二茂铁的反应峰位置介于 $LiMn_2O_4$ 的 3V 和 4V 反应峰之间。因此,对于 3V 系列的锂电池,二茂铁体系应能满足过充电保护第三 O/R 体系的基本要求。图 3.18 中显示加入二茂铁后过充电时在小电流密度下 ($0.2mA/cm^2$) 能使电池电压锁定在仅略高于 3V 的数值。

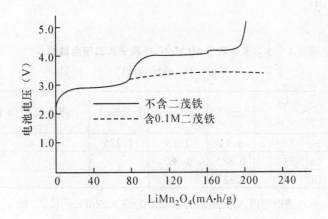

图 3.18　加入二茂铁对 $LiMn_2O_4$ 充电电压的影响

以上的例子证明,利用第三 O/R 体系对锂二次电池进行过充电保护在原则上是可行的;然而,要使这一方法真正得以实际应用,还需要考虑以下两个问题:

首先,在上述例子中尖晶石 $LiMn_2O_4$ 是当做"3V 正极材料"来使用,而实际锂二次电池中主要采用"4V 材料",为此需要探索 $\varphi_{O/R}$ 比二茂铁体系更正一伏左右的第三 O/R 体系。

其次,由于受到第三 O/R 体系在正、负极之间循环传递极限速度的限制,图 3.18 中仅采用 $0.2mA/cm^2$ 充电,这种充电速度从实用角度看显然太慢。因此,需要发展能在较高充电电流密度下有效地实现过充电保护功能的第三 O/R 体系。

水溶液中二茂铁的 $\varphi_{O/R}^0$ 为 0.40V。在文献中可以查到过渡金属(M)如 Fe,Os,Ru 等的离子可以与若干配位体(L)形成具有较高 $\varphi_{O/R}^0$ 的 $ML_3^{2+/3+}$ 体系,部分数据列在表 3.1 中。

表 3.1 水溶液中若干 $ML_3^{2+/3+}$ 络离子和二茂金属的 $\varphi_{O/R}^0$(V,相对 SHE)

$M^{2+/3+}$ \ L_3	$(bpy)_3$	$(phen)_3$	$(phensu)_3$	二茂金属(0/+1)
$Fe^{2+/3+}$	1.11	1.13	1.225	0.40
$Os^{2+/3+}$	0.885	0.987		
$Ru^{2+/3+}$	1.32*			

* 乙腈中测得,参比电极为水相中的 SCE,$Ru(bpy)_3^{2+/3+}$ 的 $\varphi_{O/R}^0$ 比同一溶液中的二茂铁(0/+1)电势正 1.01V。

由表中数据可见,若干以过渡金属离子为中心离子的 $ML_3^{2+/3+}$ 型络离子体系的 $\varphi_{O/R}^0$ 有可能达到 1.1~1.3V,即比二茂铁体系的 $\varphi_{O/R}^0$ 正 0.7~1.0V。我们在文献[6]中曾报道将 $Fe(bpy)_3^{2+}$ 与 $Fe(phen)_3^{2+}$ 用于 Li 二次电池过充电控制的初步结果。在图 3.19 中用铂微盘电极在 PC+DMC 溶剂中比较了 $Fe(bpy)_3^{2+/3+}$,$Ru(bpy)_3^{2+/3+}$ 及 $Fe(phen)_3^{2+/3+}$ 的循环伏安行为。在测量循环伏安曲线时溶液中还加入了二茂铁,这样就可以直接比较在有机溶剂中各种 ML_3 络离子与二茂铁反应电势的差别。实验求出:$Fe(bpy)_3^{2+}$,$Ru(bpy)_3^{2+}$

和 Fe(phen)$_3^{2+}$ 的氧化电流峰位置分别比二茂铁更正 0.65V,0.95V 和 0.70V,由此可见,氧化电势比二茂铁正一伏左右的 O/R 体系是实际存在的。

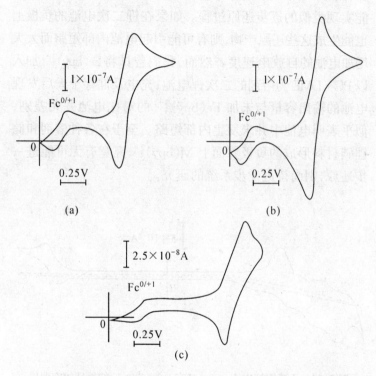

图 3.19 用铂微盘电极测得的在 PC+DME+1MLiClO$_4$ 中不同金属络离子的循环伏安曲线(采用二茂铁作为电势内标,其反应峰位置用 Fc$^{0/+1}$ 标明)

(a)Fe(bpy)$_3^{2+/3+}$;(b)Fe(phen)$_3^{2+/3+}$;(c)Ru(bpy)$_3^{2+/3+}$

值得注意的是,当以较快的电势扫描速度测定循环伏安曲线时,乙腈溶液中 $Fe(bpy)_3^{3+}$ 在铂电极上还原时除在正电势区生成 $M(bpy)_3^{2+}$ 外,还能在负电势区因配体顺序进一步还原而生成一系列电荷数为 +1,0 和 -1 的还原产物(图 3.20)。在文献[7]中也提到乙腈溶液中 $Ru(bpy)_3^{3+}$ 能实现类似的逐步还原过程。如果在锂二次电池的负极上也能生成这些还原产物,则有可能引起电池内部短路而大大增加电池的自放电速度。然而,我们曾试将 $Fe(bpy)_3^{3+}$ 加入以 PC+DME 为溶剂的二次锂电池,充电及储存十天后发现电池的输出容量与未加 $Fe(bpy)_3^{3+}$ 的对比电池并无差别,似乎表明电池中并未发生内部短路。至于在各种溶剂和储锂碳材料形成的负极界面上 $M(bpy)_3^{2+}$ 究竟有无可能进一步还原,则尚待进一步系统的研究。

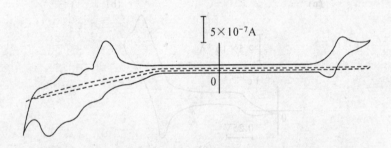

图 3.20 乙腈溶液中 5mg/ml $Fe(bpy)_3(ClO_4)_2$ 的循环伏安曲线

从已有的初步实验结果看,当用 ≤0.5mA/cm² 充电时,采用 $Ru(bpy)_3^{2+/3+}$ 体系有可能将锂二次电池的充电电压控制在 4.10~4.15 V,而采用 $Fe(bpy)_3^{2+/3+}$ 体系可控制在 3.9V 左右,均已接近或基本满足保护 4V 正极材料的需要。

如果希望加入的第三 O/R 体系能适用于更高的充电电流密度，则需要提高它们在电池中正、负极之间的极限循环传递速度（用极限反应电流密度来表示）。后者可大致利用公式 $I_d = nFD_{\text{有效}}c/\delta$ 来估计，其中：c 为第三 O/R 体系的浓度（mol/cm^3），δ 为正、负电极之间的距离；$D_{\text{有效}}$ 为第三体系 O/R 粒子透过浸有电解质溶液的薄膜时的有效扩散系数。二茂金属和 $ML_3^{3+/2+}$ 离子在常用有机溶剂中的扩散系数约为 $1 \times 10^{-6} cm^2/s$，因此 $D_{\text{有效}}$ 可大致估计为 $5 \times 10^{-7} cm^2/s$。若设 $\delta = 50\mu m$，$n = 1$，则有 $I_d \approx 10c A/cm^2$（c 用 mol/cm^3 表示）。按此，当 $c = 0.1 mol/L$（$10^{-4} mol/cm^3$）时大致有 $I_d = 1 mA/cm^2$，比锂离子电池的常规充电电流密度约低一个数量级。由此可见，为了能适用于较高的充电电流密度，第三 O/R 体系在有机溶剂中的溶解度至少应达到 1mol/L 左右。然而，大部分过渡金属离子与有机杂环形成的络离子在有机溶剂的溶解度均难以达到这一数值。这显然是有待解决的一个难题。

　　细心的读者也许还会提出一个问题：既然在实用中已经广泛采用限制电池充电压的方法来避免锂二次电池中正极的过充电，为什么还要探索加入第三 O/R 体系的方法来保护正极？当采用第三 O/R 体系时，除了充电设备较简单外，其主要优点可能在于过充电保护时不必切断充电电流，因而更适用于由多个单元电池串联组成的高压电池组（例如车用动力电池组）中各个电池的充电容量不完全均衡时的情况。

　　除了过充电保护外，还有可能利用加入第三 O/R 体系对电池进行其他方面的保护。例如，在质子膜燃料电池中若是输出电流太小以致正极电势较正，就会在正极上生成对电池寿命有害的过氧化氢(见前 1.5 节)。在酸性介质中 $\varphi^0_{H_2O_2/O_2}=0.67V$,但在比此更正零点几伏的电势区域中氧还原时已能生成足以造成危害的少量 H_2O_2。因此,若在电解质中引入在此电势区内以还原态 R 存在的第三 O/R 体系,就有可能与 H_2O_2 反应而减少后者的破坏作用。在这里,第三 OR 体系可能会起着催化 H_2O_2 还原的"中介"(mediator)作用。

参 考 文 献

[1] Chuansin Cha(查全性),Jingxian Yu(喻敬贤),Jixiao Zhang(张骥小). J. Power Sources,2004,129:347

[2] 张骥小,查全性,喻敬贤,待发表数据,已申请中国专利

[3] D. Berndt. Maintainance-free Batteries, 2nd, ed. Research Studies Press Ltd (1997);中译本,免维护蓄电池. 唐槿译,杨文治校. 中国科学技术出版社,2001

[4] 吴宇平,等. 锂离子电池——理论与实践. 化学工业出版社,2004

[5] 雷永泉主编. 新能源材料. 天津大学出版社,2000. 第四章

[6] C. S. Cha(查全性),XP Ai(艾新平),H. X. Yang(杨汉西). J. Power Sources,1995,54:255

[7] A. J. Bard, L. R. Faulkner. Electrochemical Methods. John Wiley,1980. 701

第 四 章
电池中的电流密度分布和极化分布

4.1 前 言

  在化学电池中,理想的情况是电流密度均匀分布,即任何部位电极表面上的电流密度相同,这样将有利于使多孔电极所具有的全部表面得到最充分的利用。但是,事实上往往做不到这一点。电流密度分布不均匀总是会引起极化增大和输出电压降低。在电流密度较大的部位,还会由于电化学极化增大而易于出现副反应,活性物质的消耗速度也超过平均值;而在电流密度较小的部分则可能出现活性物质得不到充分利用的情况。电流密度分布的不均匀程度与输出的总电流有关,总电流越大则电池密度分布越不均匀。因此,对于"动力型"电池和需要电池以高倍率充放电时更需要认真考虑电流密度分布的不均匀性。

  事实上,电流密度分布不均匀所造成的恶果并不只限于输出电压和电池容量降低,它还可能引发不恰当的气体析出和电池内压增高,以及活性物质位置随反复充放电而移动和由于枝晶生长引起电极间短路等,并因此导致电池的使用寿命降低和出现安全问题。

化学电池中电流密度的不均匀分布可以出现在各种不同的方向和层面上：首先，在与电极平面垂直的方向上，可以在多孔层中的不同深度处出现电流密度和电化学极化的非均匀分布。其次，在与电极平面平行的方向上，可以出现主要是由集流体内阻引起的电流密度非均匀分布（如果采用集流网还可以在网孔内出现由于粉层固相电阻引起的非均匀电流密度分布）。最后，对于由电化学活性物质粒子组成的电极，在粒子内部还可能出现局部组成的不均匀分布，以及由此引起的界面电流密度和电化学极化的变化。

以下几节中我们首先讨论多孔电极的基本表征方法，然后逐一讨论各个层次上的电化学极化、电流密度和局部化学组成的不均匀分布。

4.2 多孔电极

化学电池中的电极大多采用粉末材料制成，包括电活性粉末材料（粉末本身参加充放电反应）与粉末电催化剂（粉末提供高效反应表面，但本身不参加电池反应）等。由粉末材料所制成的电极总会有一定孔隙率，因此也称为"多孔电极"（或"粉层电极"）。有时还直接采用多孔材料（如多孔炭板等）作为电极。多孔电极的主要优点是具有比平板电极大得多的反应表面，有利于电化学反应的进行。

用多孔电极组成电化学装置时，电极中的孔隙可以有各种不同的填充方式。当电极内部的孔隙完全被电解质溶液充满时，就称为"全浸没多孔电极"。在一些其他场合，电极中的孔隙只部分地被电解质相充满，而剩余的孔隙由气相或与电解质相有别的其他液相充填。当多孔电极与固相电解质接触时,后者一般不能嵌入电极的孔隙中。在这种情况下,除非采取其他改进措施,电极与电解质相的接触主要局限于二者的端面之间。

多孔电极工作时,其内表面往往不能均匀地被用来实现电化学反应,即使全浸没电极也不例外。孔隙内液相对传质过程的阻力与固、液相电阻,能在多孔电极内部引起反应物及产物的浓度极化与固相和电解质相内部的 IR 降,导致电极内部各处的"电极/电解质"界面上极化不均匀,即电极的内表面不能同等有效地发挥作用,其后果是部分地抵消了多孔电极比表面大的优点。

研究多孔电极的主要目的在于分析这种电极的基本电化学行为,以及找出优化电极性能的基本原则。为此,要首先建立多孔体及其中各种传输过程(反应粒子、电荷等)的物理模型,然后将已知的电极过程基本原理应用于这些模型,求出多孔电极极化行为的解析解或数值解。显然,求解的难易和结论的精确性与所采用模型的简化程度有关。为了不使分析过程过于复杂,在本章以下各节中忽略了多孔电极的结构细节,而采用具有统计平均意义的各种参数的"有效值"。这种处理方法无疑对结论的精确性有些影响。然而,考虑到多孔电极结构的复杂性,无论采用多么复杂的模型仍不免与实际情况有差距,即理论推算所得结论仍然只可能是"原则性"的和"准定量"的。本章中采用简化模型和各种参数的有效值所得到的主要结论与采用更复杂的方法处理时得到的结论并无质的差别。因此,我们也就"何乐而不为(简化)"了。

多孔体最主要的结构参数是比表面和孔隙率。粉末材料的比表面常用"重量比表面"$S(m^2 \cdot g^{-1})$表示。表征多孔电极的比表面则一般用"体积比表面"$S^*(cm^2 \cdot cm^{-3})$，即单位体积多孔体所具有的表面积。有时也用"表观面积比表面"$S(cm^2 \cdot cm^{-2})$来表示，其定义为与每单位表观电极面积对应的实际表面积。

粉末材料和多孔体的比表面测量多采用吸附法，如BET法。如此求得的表面积数值与所用的吸附物有关，因吸附分子不能进入比分子尺寸更小的孔中。通常采用N_2为吸附分子，并假定每个N_2分子的吸附面积为16.2Å^2。另一类测量方法是基于电化学原理，包括测量界面电容值或电化学表面吸附量来计算表面积。例如，铂的表面积可用表面吸附原子氢的氧化电量来测定。通常假定，当铂的表面被吸附氢原子饱和覆盖时，氧化电量为$208\sim210$ $\mu C \cdot cm^{-2}$。用电化学方法测出的比表面值可称为"电化学比表面"，它相应于能有效地参与某一确定界面电化学反应的那一部分表面。

多孔体的总孔隙率可根据吸满液体引起的增重来测定，也可以根据粉末材料的真实比重及多孔体的视比重计算求得。除总孔隙率外，孔隙体积按不同孔径的分布也是重要的结构参数。孔径分布曲线可用压入不能润湿表面的液体或用毛细管凝结方法来测定。有关具体的比表面和孔隙结构测量方法可参阅有关的专著(例如文献[1])。

由于我们主要关心的是多孔体中的电化学过程，有必要简单讨论一下比表面、孔隙率及孔径分布等数据对多孔电极的电化学行为，特别是对用于实现电化学反应的有效表面积有什么影响。

组成粉末材料的粉粒可能是"实心"的(即不具有内表

面),也可能具有由裂纹等引起的内表面,还可能是由更细粉粒组成的"团粒",后者具有更大的内表面。因此,在由粉末材料制成的多孔体中大多包含两大类孔隙:一类是由粉粒之间空隙组成的"粗孔"(由于粉末尺寸多为微米级,"粗孔"的孔径一般为微米级或更大);另一类是由粉粒内部空隙所形成的"细孔"(孔径一般为亚微米级或更小)。在多孔电极的孔径分布曲线上,往往可以看到与此相对应的两个孔径分布峰值。如果在制备多孔电极时有意加入"发孔剂",则往往可以形成更大的孔隙。

上述"粗"、"细"两类孔隙在电化学反应中起着不同的作用。由于"粗孔"孔径较大,且大多彼此贯通,这类孔所组成的网络往往是反应粒子和离子电荷传输的主要通道,其孔壁则构成电极过程的主要反应表面。"细孔"的作用则与此很不相同。它们不仅较细;而且较少长距离地彼此贯通,因此,它们对反应粒子和离子电荷的传输影响较小。至于细孔的内壁能否用来实现电化学反应,则主要取决于这些孔能否被电解质溶液浸润以及反应粒子和产物进出这些孔(包括吸附粒子在孔壁表面上的迁移)的难易程度。实际经验表明:具有大量内表面的某些活性炭虽然比表面值很高(可达 $1\,000\,m^2 \cdot g^{-1}$ 以上),用这种材料制成的多孔电极其电化学性能往往还不如用一般炭黑材料制得的,这似乎显示活性炭粒子的内表面对电化学反应贡献不大。炭黑虽然比表面较低,但其中内表面所占比例要少得多。

分析多孔电极的电化学行为时,可以将多孔体看做是由若干种网络相互交叠形成,其中包含由固相导电粒子组成的电子导电网络,一种或一种以上占有全部或部分固相间孔隙的电解质网络和其他液相网络,有时还包含气相网络。因此,在分析多孔体中物质和电荷的传输过程时,首先要弄清过程是在哪一网络相中进行的。其次,处理多孔体内某一网络相(i)中的传质过程时,一方面要考虑该相的比体积(V_i),即单位体积多孔体中该相所占有的体积;另一方面还要考虑该相的曲折系数(β_i)。所谓某一网络相的曲折系数,系指多孔体中通过该网络相传输时实际传输途径的平均长度与直线距离之比。例如,图 4.1 中"直通孔"的 $\beta=1$ 而"曲折孔"的 $\beta\approx3$。显然,如果多孔体结构是各向异性的,则曲折系数的数值与传输方向有关。

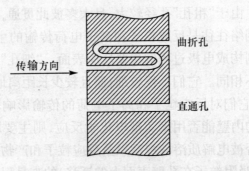

图 4.1　曲折孔与直通孔

当孔径相同时,曲折孔的比体积(或比截面积)比直通孔的大 β 倍,而同样条件下经过曲折孔的传输速度只有直通孔的 $1/\beta$。因此,通过多孔体内某一网络相(i)的传输速度与 V_i/β_i^2 成正比。据此,通过多孔体中 i 网络相扩散时的有效扩散系数 $D_{有效(i)}$ 为

$$D_{有效(i)} = D_{(i)}^0 \cdot \frac{V_i}{\beta_i^2} \tag{4.1}$$

式中：$D_{(i)}^0$ 为整体 i 相中同一粒子的扩散系数。同理，i 网络相的表观比电阻 ρ_i 为

$$\rho_i = \rho_i^0 \frac{\beta_i^2}{V_i} \tag{4.2}$$

式中：ρ_i^0 为整体 i 相的比电阻。网络相的其他传输参数的表观值公式也可依此类推。

对于由微粒随机堆积（包括压制）而成的多孔体，孔的方向是任意分布的，可以证明大致有 $\beta = \sqrt{3}$。然而，对于经过滚碾制成的多孔膜，则孔的方向往往倾向于和滚碾方向平行。因此，当传质方向与膜平面垂直，即透过膜传输时，β 值要更大一些。以下各节中主要利用这些结构参数和表观传输参数来分析各种类型多孔电极的电化学行为。

4.3 全浸没多孔电极在厚度方向上的不均匀极化

作为一种最简单的情况，我们首先分析只包括两个网络相（固相和电解质相）的"全浸没多孔电极"，在"富液"型化学电池中的电极大多属于这种情况。又为了简化分析，我们还假定多孔电极中的固相网络只负担电子传输和提供电化学反应表面，而本身不参加电氧化还原反应（即所谓"非电化学活性电极"或"催化电极"）。对于这类多孔电极，其内部不同深度处电化学极化的不均匀性可以主要是由于孔隙中电解质网络相内反应粒子的浓度极化所导致，也可以主要是固、液相网络中的电阻所引起的。我们首先分析后一种情况，它主要发生在反应粒子浓度较大及表观电流密度较高时，在化学电池中常遇到这类情况。

4.3.1 固、液相电阻所引起的不均匀极化和不均匀电流密度分布

分析这种情况时,我们假设层状多孔电极一侧与集流片紧密接触,而另一侧接触溶液,并设全部反应层中各相具有均匀的组成,即不发生反应粒子的浓度极化。此外,还假设反应层的全部厚度中各相的比体积与曲折系数均为定值。当满足这些假设时,可以用如图 4.2 所示的等效电路来分析界面上的电化学反应和固、液相电阻等各项因素对电极极化行为影响。

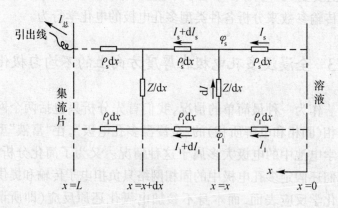

图 4.2 多孔电极的等效电路

图中将表观面积为 $1cm^2$、厚度为 L 的多孔电极按平行于电极表面的方向分割成厚度为 dx 的许多薄层,薄层中固相和液相的电势分别用 φ_s 和 φ_l 表示(以下均用下标 s 和 l 表示固相和液相)。因此,"固/液"界面上阴极反应的超电势 $\eta = \varphi_l - \varphi_s +$ 常数,或 $d\eta = d(\varphi_l - \varphi_s)$。按 x 方向

流经薄层中固相和液相的电流密度分别用 I_s 和 I_l 表示;并用 $\rho_s dx$ 及 $\rho_l dx$ 来模拟每一平方厘米薄层 x 方向的固相和液相电阻,其中 ρ_s 及 ρ_l 分别为固相及液相网络的表观比电阻。电路中还在薄层固、液相电阻之间用 Z/dx 来模拟每平方厘米薄层中电化学反应的"等效电阻"。电荷(电子)通过这一电阻在固、液相之间转移。

如果设真实反应表面上的极化曲线为 $I' = F(\eta)$,则反应层中电化学反应的局部体积电流密度为

$$\frac{dI}{dx} = \frac{dI_s}{dx} = -\frac{dI_l}{dx} = S^* I' = S^* F(\eta) \qquad (4.3)$$

式中:S^* 为单位体积多孔层中的反应表面(即"体积比表面",用 $cm^2 \cdot cm^{-3}$ 表示)。因此,与电化学反应对应的体积等效比电阻(Z)可用下式表示:

$$Z = \eta \Big/ \left(\frac{dI}{dx}\right) = \frac{\eta}{S^* F(\eta)} \qquad (4.4)$$

在固相电子导电良好的多孔电极中,一般有 $\rho_s \ll \rho_l$;因此可以近似地认为 $d\varphi_s/dx = 0$,而 $d\eta = d\varphi_l = -I_l \rho_l dx$。由此可以得到 $\frac{dI_l}{dx} = -\frac{1}{\rho_l}\left(\frac{d^2\eta}{dx^2}\right)$,代入(4.4)式后有

$$\frac{d^2\eta}{dx^2} = \frac{\rho_l}{Z}\eta \qquad (4.5)$$

(4.5)式为不考虑固相电阻,也不出现浓度极化时多孔电极极化的基本微分方程,其解的具体形式由(4.4)式和选用的边界条件决定。作为最简单的情况,可以采用电化学极化很小时的极化曲线公式 $I' = i^0 \frac{nF}{RT}\eta$,代入(4.4)式后得到 $Z = \frac{RT}{nF}\frac{1}{i^0 S^*}$,对于一定的电极结构和反应体系可当

做常数来处理。

当 ρ_1/Z 为常数时,(4.5)式的通解为 $\eta = Ae^{\kappa x} + Be^{-\kappa x}$,其中 $\kappa = (\rho_1/Z)^{1/2}$。用下列边界条件:

$$\begin{cases} \eta_{x=0} = \eta^0 & (\eta^0 \text{ 为溶液一侧中用参比电极测得的 } \eta \text{ 值}) \\ \left(\dfrac{\mathrm{d}\eta}{\mathrm{d}x}\right)_{x=L} = 0 & (\text{即电流引出处 } I_1 = 0) \end{cases}$$

(4.6)

代入后,可得到电极内深度不同的各薄层中的界面超电势分布公式为

$$\eta(x) = \eta^0 \frac{e^{\kappa(x-L)} + e^{-\kappa(x-L)}}{e^{\kappa L} + e^{-\kappa L}} = \eta^0 \frac{\cosh[\kappa(x-L)]}{\cosh(\kappa L)}$$

(4.7)

$$\frac{\mathrm{d}\eta(x)}{\mathrm{d}x} = \kappa \eta^0 \frac{\sinh[\kappa(x-L)]}{\cosh(\kappa L)} \quad (4.7\mathrm{a})$$

$$\left(\frac{\mathrm{d}\eta}{\mathrm{d}x}\right)_{x=0} = -\kappa \eta^0 \tanh(\kappa L) \quad (4.7\mathrm{b})$$

而多孔电极全部厚度中所产生的总电流密度(即表观电流密度)应等于 $x=0$ 处"多孔层/溶液"界面上的液相电流密度,即

$$I_{\text{总}} = I_{1(x=0)} = -\frac{1}{\rho_1}\left(\frac{\mathrm{d}\eta}{\mathrm{d}x}\right)_{x=0} = \eta^0 (\rho_1 Z)^{-1/2} \tanh(\kappa L)$$

(4.8)

当 $\kappa L \geqslant 2$ 时,$\tanh(\kappa L) \approx 1$,此时(4.8)式中的 $\tanh(\kappa L)$ 项可以略去。因此,常设:

$$L_{\Omega}^* = -\eta^0 \cdot \left(\frac{\mathrm{d}\eta}{\mathrm{d}x}\right)_{x=0}^{-1} = 1/\kappa = (Z/\rho_1)^{1/2} = \left(\frac{RT}{nF}\frac{1}{i^0 S^* \rho_1}\right)^{1/2}$$

(4.9)

称为反应层的"特征厚度"①。当反应层的厚度 $L \geqslant 2L_\Omega^*$ 后，$I_总$ 就很少随 L 而增大。而当反应层"足够厚"($L \geqslant 3L_\Omega^*$)时有

$$I_总 = \eta^0 (\rho_1 Z)^{-1/2} = \eta^0 \left(\frac{nFi^0 S^*}{RT \rho_1} \right)^{1/2} \quad (4.8a)$$

(4.8a)式表示，$I_总$ 与 η^0 之间存在线性关系。但是，与平面电极上 $I \infty i^0$ 不同，$I_总$ 与体积交换电流密度($i^0 S^*$)的平方根成正比。由(4.8a)式所表示的"足够厚"电极输出的表观电流密度与多孔层厚度 L 无关，表示电极输出电流的能力并不总是随电极厚度加大而增大。事实上，由于多少总存在一些固相电阻，当电极厚度增长到一定程度后，电极输出电流的能力将不但不会随电极厚度增长，还可能因厚度增长而减弱。换言之，电极性能并不总是"愈厚愈好"，甚至可能是"愈厚愈差"。这一结论不仅是上述理论分析的结果，也一再被实践经验所证实。

由(4.7)式还可以求得电极内不同深度处的体积反应电流密度：

$$\frac{dI}{dx} = \eta/Z = \frac{RT}{nF} \frac{\eta^0}{i^0 S^*} \frac{\cosh[\kappa(x-L)]}{\cosh(\kappa L)} \quad (4.10)$$

由于当 $x = 0$ 时 $\cosh[\kappa(x-L)]/\cosh(\kappa L) = 1$，故由

---

① 当 $x = L_\Omega^* = 1/\kappa$ 后，$\dfrac{\cosh[\kappa(x-L)]}{\cosh(\kappa L)} = \dfrac{\cosh(1-\kappa L)}{\cosh(\kappa L)} = \dfrac{e^{1-\kappa L} + e^{\kappa L - 1}}{e^{\kappa L} + e^{-\kappa L}}$。若 $\kappa L \gg 1$，则可略去 $e^{-\kappa L}$，$e^{\kappa L - 1}$ 项而等于 e^{-1}。因此，可认为 L_Ω^* 的定义是相应于 η 降至 η^0/e 时的反应层深度。根据(4.8)式，当反应层厚度 $L = L_\Omega^*$ 时，$I_总$ 为无限厚电极输出总电流的76.2%；而 $L = 2.65 L_\Omega^*$ 时 $I_总$ 为无限厚电极输出总电流的99%。

(4.10)式可以得到 $\left(\dfrac{dI}{dx}\right)_{x=0} = \dfrac{RT}{nF}\dfrac{\eta^0}{i^0 S^*}$,代入(4.10)式后可改写成:

$$\dfrac{dI}{dx} = \left(\dfrac{dI}{dx}\right)_{x=0} \dfrac{\cosh[\kappa(x-L)]}{\cosh(\kappa L)} \quad (4.10a)$$

与(4.7)式比较,可知反应层内部厚度方向上体积反应电流密度的分布与 η 的分布有着完全相同的形式。这实际上是假定局部电流密度与局部超电势成正比 $\left(I' = i^0 \dfrac{nF}{RT}\eta\right)$ 所导致的直接后果。图 4.3 表示当多孔电极的厚度 $L \gg L_\Omega^*$ 时电极内部"固/液"界面上的超电势及体积反应电流密度的分布情况。由该图所表示的分布情况可以看做是一种"折中方案":从减少电化学极化角度看,最有利的方案是电流均匀分布在全部固/液界面上;而从减少液相电相引起的 IR 降考虑,最好是电流集中在 $x=0$ 处的外表面上,图 4.3 所表示的反应区集中的液相一侧则是这两种"极端方案"的折中。又由于 IR 降的数值与电流成正比,而电化学极化项随电流的对数而变化,当电流增大时前一项影响更大。因此,在大电流极化下有效反应区变得更薄及更集中在靠近整体液相的一侧。由此可见,用于高倍率充放电的电极应设计成尽量薄,且具有高孔隙率。

如果多孔电极中的极化较大,以致不能忽略极化曲线的非线性,则真实反应表面上的电化学极化公式应采用[1]:

$$I' = i^0 \left[\exp\left(\dfrac{\alpha nF}{RT}\eta\right)\right] - \exp\left[\left(-\dfrac{\beta nF}{RT}\eta\right)\right]$$

---

[1] 由于多孔电极内部固、液界面超电势的局部值(η)随 x 增大而减小,即使 η^0 较大也不能在极化曲线公式中忽略逆反应项。

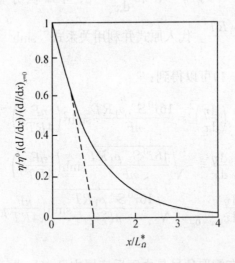

图 4.3 当多孔电极足够厚时粉层中"固/液"界面上的超电势与体积反应电流密度的分布情况

$$= 2i^0 \sinh\left(\frac{nF}{2RT}\eta\right) \quad (\text{当 } \alpha = \beta \text{ 时})$$

代入(4.3)式得到这种情况下的体积反应电流密度公式：

$$\frac{dI}{dx} = 2i^0 S^* \sinh\left(\frac{nF}{2RT}\eta\right) \quad (4.11)$$

和

$$\frac{d^2\eta}{dx^2} = \rho_1\left(\frac{dI}{dx}\right) = 2i^0 S^* \rho_1 \sinh\left(\frac{nF}{2RT}\eta\right)$$

利用关系式 $\dfrac{d^2\eta}{dx^2} = \dfrac{1}{2}\dfrac{d}{d\eta}\left(\dfrac{d\eta}{dx}\right)^2$ 及积分公式 $\int \sinh x\, dx = \cosh x$ 可将上式积分后整理成：

$$\left(\frac{d\eta}{dx}\right)^2 = \frac{8i^0 S^* \rho_1 RT}{nF}\cosh\left(\frac{nF}{2RT}\eta\right) + \text{常数}$$

根据 $x \to \infty$ 时 $\eta = 0$ 和 $\dfrac{d\eta}{dx} = 0$，可知积分常数等于 $-\dfrac{8i^0 S^* \rho_1 RT}{nF}$。代入原式并利用关系式 $\sinh^2\left(\dfrac{x}{2}\right) = \dfrac{1}{2}(\cosh x - 1)$ 可以得到：

$$\left(\dfrac{d\eta}{dx}\right)^2 = \dfrac{16 i^0 S^* \rho_1 RT}{nF} \sinh^2\left(\dfrac{nF}{4RT}\eta\right)$$

即

$$\dfrac{d\eta}{dx} = -\sqrt{\dfrac{16 i^0 S^* \rho_1 RT}{nF}} \sinh\left(\dfrac{nF}{4RT}\eta\right) \quad (4.11a)$$

和

$$\left(\dfrac{d\eta}{dx}\right)_{x=0} = -\sqrt{\dfrac{16 i^0 S^* \rho_1 RT}{nF}} \sinh\left(\dfrac{nF}{4RT}\eta_0\right)$$

$$(4.11b)$$

后两式中右侧取负号是由于反应层中 $d\eta/dx$ 恒为负值，由此得到：

$$I_1 = -\dfrac{1}{\rho_1}\left(\dfrac{d\eta}{dx}\right) = \sqrt{\dfrac{16 i^0 S^* RT}{\rho_1 nF}} \sinh\left(\dfrac{nF}{4RT}\eta\right)$$

$$(4.11c)$$

当 $x=0$ 时，$I_1 = I_{总}$，$\eta = \eta^0$，故极化较大时多孔电极的极化曲线公式为

$$I_{总} = \sqrt{\dfrac{16 i^0 S^* RT}{\rho_1 nF}} \sinh\left(\dfrac{nF}{4RT}\eta^0\right)$$

$$= \sqrt{\dfrac{4 i^0 S^* RT}{\rho_1 nF}} \left[\exp\left(\dfrac{nF}{4RT}\eta^0\right) - \exp\left(-\dfrac{nF}{4RT}\eta^0\right)\right]$$

$$(4.12)$$

与平面电极上相应的极化曲线公式

$$I = i^0 \left[\exp\left(\dfrac{nF}{2RT}\eta\right) - \exp\left(-\dfrac{nF}{2RT}\eta\right)\right]$$

比较,(4.12)式的特点是 $I_{总}$ 与 $(i^0 S^*)^{1/2}$ 成正比及指数项的幂小一半。当 $\eta^0 \gg \dfrac{nF}{4RT}$ 时,可以忽略(4.12)式右方括号中第二项,经整理后得到:

$$\eta^0 = -\frac{2.3RT}{nF/4}\lg\left(\frac{4i^0 S^* RT}{\rho_l nF}\right)^{1/2} + \frac{2.3RT}{nF/4}\lg I_{总}$$
$$= 常数 + \frac{0.236}{n}\lg I_{总} \quad (4.13)$$

由此可见,在高极化下多孔电极半对数极化曲线的斜率加大了一倍,这种情况常称为"双倍斜率"或"高斜率"。引起这种情况的原因是在多孔电极中一方面真实表面上的电化学极化随电流密度增长而对数性增大,另一方面有效反应层厚度又随之急剧减薄,使多孔电极的极化性能越来越趋近平面电极了。

由(4.12)式所表示的极化曲线形式见图4.4中曲线a,图中曲线b为 i^0 相同时平面电极上的极化曲线。比较两曲线可知多孔电极主要在低极化区比平面电极的极化小得多;在中等极化区,多孔电极上的极化也较小,但由于曲线斜率大一倍,故迅速接近平面电极上的极化曲线。从曲线上a段的发展趋势看,在高极化区多孔电极上的极化似乎可能超过平面电极,事实上当然不可能如此。当有效反应区的厚度减小到与多孔电极中的微孔孔径接近时,本节中的推导方式就不再有效。在高极化区,实际极化曲线大致按曲线c渐趋近平面电极的极化曲线。但由于粉层电极的外表面具有比平面电极更高的表面粗糙度,b,c两曲线不会重合。

由此也可看出,对主要用于高倍率充、放电的电极,其厚度没有必要设计得很厚,与前面所得到的结论一致。

若图4.4中固相电阻的影响不能忽视,则应考虑固相

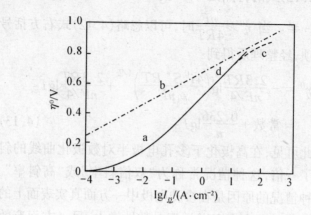

图 4.4 多孔电极的极化曲线

电阻上的电压降对固相电势与固/液界面上电化学超电势的影响:

$$d\varphi_s = -I_s\rho_s dx$$

$$d\eta = d(\varphi_1 - \varphi_s) = (-I_1\rho_1 + I_s\rho_s)dx \quad (4.5a)$$

和超电势梯度的变化率:

$$\frac{d^2\eta}{dx^2} = -\rho_1\frac{dI_1}{dx} + \rho_s\frac{dI_s}{dx} = (\rho_s + \rho_1)\frac{dI}{dx} = \frac{\rho_s + \rho_1}{Z}\eta$$

$$(4.5a)$$

用真实反应表面上的电化学极化公式 $I' = 2i^0\sinh\left(\frac{nF}{2RT}\eta\right)$ 代入上式,整理后得到:

$$\frac{d^2\eta}{dx^2} = 2i^0 S^*(\rho_s + \rho_1)\sinh\left(\frac{nF}{2RT}\eta\right) \quad (4.11a)$$

与(4.11)式比较,在(4.11a)式中只是用 $\rho_s + \rho_1$ 代替了 ρ_1。然而,由于固相中存在电压降,边界条件(4.6)式不再适用,

而需要改为

$$\begin{cases} (\mathrm{d}\eta/\mathrm{d}x)_{x=0} = -\rho_l I \\ (\mathrm{d}\eta/\mathrm{d}x)_{x=L} = -\rho_s I \end{cases} \quad (4.6\mathrm{a})$$

这样就大大增加了数学分析的复杂性。

较简便的方法是采用数值计算法,在文献[2]中详述了解决这一问题的数值方法与计算程序,并算出了各种情况下电极内部的极化分布与表观极化曲线的形式。当 ρ_s 的影响不能忽视时,电极内部的极化分布大致有如图 4.5 所示的形式,其特征是往往在电极厚度的中部出现局部极化最小值。主要反应区的位置则取决于 ρ_s 与 ρ_l 的相对大小,当 $\rho_l > \rho_s$ 时,反应区主要集中在靠近液相的一侧;而当 $\rho_s > \rho_l$ 时,则反应区主要集中在靠近集流引线一侧。

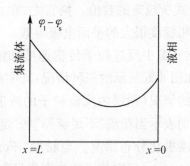

图 4.5 当固相电阻不能忽视时多孔电极内部的极化分布

4.3.2 粉层中反应粒子浓度变化所引起的不均匀极化和电流密度不均匀分布

若反应粒子浓度较低而固、液网络导电性良好,则引起多孔电极内部极化和电流密度分布不均匀的主要原因往往是反应粒子在孔隙中的浓度极化。在这种情况下,电极内部不同深度处的反应界面上电化学极化值相同,且等于按常规方法用置于多孔电极外侧溶液中的参比电极测得的数值(η^0)。此外,由于受到电极表面外侧整体液相中反应粒子传质速度的限制,能实现的稳态表观电流密度不能超过电极表面附近液相中传质速度决定的极限扩散电流密度。

进一步可分两种情况来讨论多孔电极上的这类过程:首先,若多孔电极上的表观交换电流密度 $i^0 S' \gg I_d$(其中 S' 为"表观面积比表面", I_d 为电极表面外侧液相中传质速度引起的极限扩散电流密度),则当极化不太大及电极厚度较薄且孔隙中的传输速度足够快时,多孔层中液相内部各点反应粒子的浓度与端面上的(c^s)相同,且等于按电极电势和 Nernst 公式所规定的数值。换言之,在这种情况下多孔电极与表面粗糙度很大的平面电极等效。

因此,根据孔隙中反应粒子传输速度和消耗速度的不同,可以出现如图 4.6 所示的三种情况:其中曲线 1 相当于上段中讨论过的情况(粉层内反应粒子的浓度为定值 c^s);而曲线 2,3 分别表示当粉层"不足够厚"和"足够厚"时其中可能出现的浓度极化分布情况。当粉层"不足够厚"时,直至粉层最深处($x=L$)反应粒子的浓度仍显著大于零,因而若粉层更厚,多孔电极内可有更大的反应速度(更高的电流输出)。当粉层"足够厚"时,在粉层深处反应粒子的浓度与 c^s 相比已降至可以忽略的数值。因此,即使增大粉层厚度也不可能输出更大的电流密度。

显然,分析相应于图 4.6 中曲线 1 的情况只需要考虑电极的表观面积比表面(S',其数值等于 $S^* L$)。因此,当

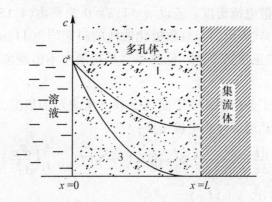

图 4.6 反应粒子在多孔层中的几种典型浓度分布

表现电流密度和 η^0 都很小时,若在液相中及粉层内均不出现反应粒子的浓度极化,则极化线公式可以写成:

$$I_{总}=\frac{i^0 S' nF}{RT}\eta^0 \qquad (4.14)$$

表示 $I_{总}$ 随极化加大而线性地增长。

当 $\eta^0 \gg \dfrac{\alpha nF}{RT}$ 时,电流密度公式和半对数极化曲线公式可分别写成:

$$I_{总}=\frac{c^s}{c^0}i^0 S^* L\exp\left(\frac{\alpha nF}{RT}\eta^0\right) \qquad (4.15)$$

及

$$\eta^0=-\left(\frac{2.3RT}{\alpha nF}\right)\lg\left(\frac{c^s}{c^0}i^0 S^* L\right)+\frac{2.3RT}{\alpha nF}\lg I_{总}$$

$$(4.15\text{a})$$

若 c^s 随电流密度变化(即电极端面外侧溶液中出现浓度极化),则需要改写成:

$$\frac{2.3RT}{\alpha nF}\lg\left[\frac{I_{总}}{I_{\mathrm{d}}-I_{总}}\right]=常数+\eta^0 \qquad (4.15\text{b})$$

式中:I_d为整体液相中反应粒子完全浓度极化时所引起的极限扩散电流密度。若设 $n=1, \alpha=0.5$,则由(4.15a)式和(4.15b)式表示的半对数极化曲线的斜率均为 118mV。此值称为"正常斜率"或"低斜率",是粉层中不出现浓度梯度的表征。

为了分析图 4.6 中曲线 2 和 3 所表示的情况,可用下式来表达局部体积电流密度:

$$\frac{dI}{dx} = \frac{c(x)}{c^0} i^0 S^* \exp(\eta^*) = nFD_{有效(1)}\left(\frac{d^2c}{dx^2}\right)$$

或 $$\left(\frac{d^2c}{dx^2}\right) = \frac{c(x)}{c^0} \cdot \frac{i^0 S^*}{nFD_{有效(1)}} \exp(\eta^*) = \kappa_c^2 \cdot c(x)$$

(4.16)

其中 $$\kappa_c = \left(\frac{i^0 S^*}{nFD_{有效(1)} c^0}\right)^{1/2} \exp\left(\frac{\eta^*}{2}\right), \quad \eta^* = \frac{\alpha nF}{RT}\eta^0$$

(4.17)

由于在粉层中出现了浓度极化,在(4.16)式中引入了 $\frac{c(x)}{c^0}$ 项。此外,以上诸式中采用 $\exp\left(\frac{\alpha nF}{RT}\eta^0\right)$ 来表示电化学极化对反应速度的影响,即假设电极反应完全不可逆;若电极反应部分可逆,则在(4.16)式中需用 $2\sinh\left(\frac{\alpha nF}{RT}\eta^0\right)$ 项来代替 $\exp(\eta^*)$ 项。然而,如此只会在电化学极化很小时给出不同的结果。为了解析方便我们只分析(4.16)式。

解(4.16)式时可采用以下的边界条件:

$$\begin{cases} c(0) = c^s \\ \left(\frac{dc}{dx}\right)_{x=L} = 0 \end{cases}$$

(4.18)

将(4.16),(4.18)式与(4.5),(4.6)式比较,可见它们在数学形式上完全一致,因此,可以仿照(4.7)式直接写出下列解:

$$c(x) = c^s \frac{\cosh[\kappa_c(x-L)]}{\cosh(\kappa_c L)} \quad (4.19)$$

$$\frac{dc}{dx} = \frac{\kappa_c c^s \sinh[\kappa_c(x-L)]}{\cosh(\kappa_c L)} \quad (4.19a)$$

$$\left(\frac{dc}{dx}\right)_{x=0} = -\kappa_c c^s \tanh(\kappa_c L) \quad (4.19b)$$

及

$$I_{总} = I_{1(x=0)} = -nFD_{有效(1)}\left(\frac{dc}{dx}\right)_{x=0}$$

$$= c^s \left(\frac{nFD_{有效(1)} i^0 S^*}{c^0}\right)^{1/2} \exp\left(\frac{\eta^*}{2}\right) \tanh(\kappa_c L)$$

$$(4.20)$$

(4.19b)式及(4.20)式中的 $\tanh(\kappa_c L)$ 项均系由于粉层不够厚所引起。当 $\kappa_c L \geqslant 2$(即粉层"足够厚")时这一项可从两式中略去,并由此推出反应层的"有效厚度"为

$$L_c^{*\prime} = -c^s \left(\frac{dc}{dx}\right)_{x=0}^{-1} = 1/\kappa_c$$

$$= \left(\frac{nFD_{有效(1)} c^0}{i^0 S^*}\right)^{1/2} \exp(-\eta^*/2)$$

$$(4.21)$$

其数值与 η^* 有关。然而,式中右方最后一项的变化不会很大,因此,常用下式表示由粉层中反应粒子浓度极化所引起的反应层的"特征厚度":

$$L_c^* = \left(\frac{nFD_{有效(1)} c^0}{i^0 S^*}\right)^{1/2} \quad (4.21a)$$

当 $L \ll L_c^{*'}$ 时,粉层中不会出现浓度变化;而在 $L \geqslant 3L_c^{*'}$ 时,粉层深处的反应粒子已基本耗尽,即粉层已"足够厚"了。因此,图 4.6 中的三种情况大致相当于 $L \ll L_c^{*'}$,$L=(0.1\sim 2)L_c^{*'}$ 及 $L \geqslant 3L_c^{*'}$。

如果假设 c^s 不随 η^* 变化,即假定整体溶液相中不出现反应粒子的浓度变化,则在粉层足够厚时可略去 tanh$(\kappa_c L)$ 项而将(4.20)式写成:

$$\eta^0 = 常数 + \frac{2.3 \cdot 2RT}{\alpha nF} \lg I_总 \qquad (4.20a)$$

当 $n=1, \alpha=0.5$ 时, $\eta^0 \sim \lg I_总$ 关系的斜率为 236mV,与(4.13)式相同。由此可见,双倍斜率是粉层不均匀极化的普遍特征,不论造成不均匀极化的原因是反应层中的 IR 降或是反应粒子的浓度极化,均能导致反应层的有效厚度随 η^0 增大而不断减薄,并引起出现具有双倍斜率的半对数极化曲线。

如果整体溶液中出现了浓度极化,则 c^s 不再是常数,此时情况要更复杂一些。然而,由于在化学电池中反应粒子的浓度一般较高,在大多数情况下不必考虑整体液相中反应粒子的浓度极化。

4.4 由于集流体电阻所引起的与电极表面平行方向上的不均匀极化和电流分布

在化学电池中,流经电极各处的电流都要先通过一段集流体,然而才能达到粉层。若集流体的导电性不够高,则

集流体中的 IR 降会减少粉层/溶液界面上的电化学极化与电流密度,并造成电极平面上各点的极化和电流密度分布不均匀。因此,如何设计集流体和引出线("极耳"),使电极平面上的电流密度分布尽可能地均匀,是设计电池时必须认真考虑的重要问题。例如,对于平板式组合电极中的板栅结构,已有大量经验方案、计算公式与模拟软件。下面我们以卷筒式电池为例来分析这类问题的基本处理方法。

卷筒式电池的基本结构可用图 4.7 来模拟,其中(a),(b)分别表示"同端引出"和"异端引出"两种最基本的引出方式,而其他各种"多端引出"方式均可看做是由这两种基本引出方式组合而成。

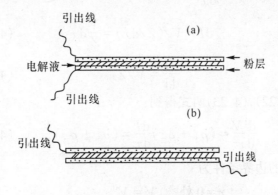

图 4.7 卷筒式电池的引出方式
(a)同端引出;(b)异端引出

如果设电池放电时的电流电压关系为线性,则对于"同端引出"的电极组合可用图 4.8 所示的等效电路来模拟,并采用下列微分方程来分析:

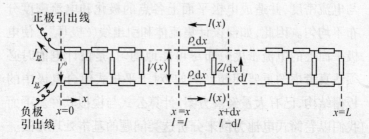

图 4.8 "同端引出"方式等效电路

$$\frac{dV}{dx} = -I(\rho_+ + \rho_-)dx$$

$$-dI = V/(Z/dx) = \frac{V}{Z}dx \quad (4.22)$$

或
$$\frac{dI}{dx} = V/Z \quad (4.23)$$

合并(4.22),(4.23)两式得到：

$$\frac{d^2V}{dx^2} = (\rho_+ + \rho_-)\frac{dI}{dx} = (\rho_+ + \rho_-)\frac{V}{Z} \quad (4.24)$$

而求解的边界条件为

$$\begin{cases} x=0 \text{ 处}: \quad V = V^0 \\ x=L \text{ 处}: \quad I=0, \quad \frac{dV}{dx}=0 \end{cases} \quad (4.25)$$

在图4.8及以上各式中 ρ_+, ρ_- 分别为单位长度正、负极集流体的电阻；L 为集流体的总长度；$I(x)$ 为 $x=x$ 处流经集流体的电流；$V(x)$ 为该处的局部电压；$I_{总}$ 为输出总电流；V^0 为电池引出线端的输出电压($x=0$ 处的输出电压)；

Z 为相应于单位长度电池的电化学反应等效微分比电阻 $[Z=-(\mathrm{d}V/\mathrm{d}I)]$。若设在所使用的电流密度范围内电池的输出曲线为线性,则 $\dfrac{\mathrm{d}V}{\mathrm{d}I}$ 为定值,Z 为常数。

将(4.24),(4.25)式与(4.5),(4.6)式比较,可见形式分别完全相同,其中 V 相当于 η 而$(\rho_+ + \rho_-)$ 相当于 ρ_1。因此,可以仿照(4.7)式直接写出(4.24)式的解为(注意图 4.8 的坐标原点与图 4.2 不同):

$$V = V^0 \frac{\cosh[\kappa(L-x)]}{\cosh \kappa L} \tag{4.26}$$

式中:$\kappa = [(\rho_+ + \rho_-)/Z]^{1/2}$,而 $\kappa^{-1} = [Z/(\rho_+ + \rho_-)]^{1/2}$ 可看成是决定集流体长度方向上电流分布均匀程度的"特征长度"。若 $(\rho_+ + \rho_-)$ 小而 Z 大,以致 $L \ll \kappa^{-1}$ 和 $\cosh(\kappa L)$、$\cosh[\kappa(L-x)] \to 1$,则各处 $V \approx V^0$,表示集流体长度方向上的电流密度分布基本均匀。反之,若 $L \geqslant \kappa^{-1}$,则在集流体长度方向上将出现明显的电流密度不均匀分布。

由此可见,对电化学活性高(Z 值小,即通过较大电流密度时出现的电化学极化较小)的粉层,必须十分注意减低集流体的电阻,使 $\rho_+ + \rho_- < Z$,借以避免集流体长度方向上的电流密度分布不均匀。

"多端同侧引出"可以看做是多个"同端引出"单元的组合,例如图 4.9 可看成是六个单元的组合,其中每一单元的长度为 L,而前述分析结果适用于每一单元。

对于"异端引出"的电极组(见图 4.7(b))的分析要更复杂一些,可以用图 4.10 所示的等效电路来分析这种引出方式。仿照(4.5a),(4.6a)式可以写出描述采用此类引出

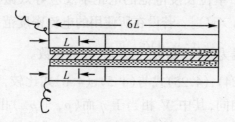

图 4.9　多端同侧引出方式

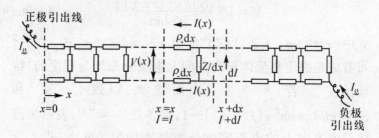

图 4.10　"异端引出"方式等效电路

方式时的微分方程式及求解时的边界条件分别为

$$\frac{d^2 V}{dx^2} = \frac{\rho_+ + \rho_-}{Z} \quad (4.27)$$

及

$$\begin{cases} \left(\dfrac{dV}{dx}\right)_{x=0} = \rho_+ I \\ \left(\dfrac{dV}{dx}\right)_{x=L} = \rho_- I \end{cases} \quad (4.27a)$$

解上述方程时往往需要用数值方法。若集流体电阻的影响不能忽视，所求得电流密度在集流体长度方向上的分布大致具有与图 4.5 中分布曲线类似的形式，其主要特点可简述如下：

(1) 决定集流体长度方向电流密度分布是否均匀的主要参数仍然是$(\rho_+ + \rho_-)/Z$。若$Z \gg (\rho_+ + \rho_-)$,则电流密度分布基本均匀;反之,若$Z \leqslant (\rho_+ + \rho_-)$,则不可避免地将出现电流密度在长度方向上的不均匀分布。

(2) 当集流体电阻的影响不能忽视时,电流密度会相对集中分布在正、负极集流体引出线附近的电极表面上。若$\rho_+ \neq \rho_-$,则电流分布曲线是不对称的。若$\rho_+ > \rho_-$,则正极引出线附近的电流密度较大;反之,若$\rho_+ < \rho_-$则电流较集中在负极引出线附近。

"异端交叉引出"(见图4.11)则可看成是由若干"异端引出"单元组合而成,例如图4.11可看做是由7个异端引出单元组成,而对于每一单元中长度方向上的电流密度分布上述讨论均适用。

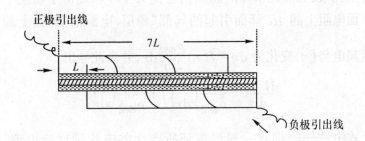

图4.11 异端交叉引出方式

若采用网状集流体(如拉伸网,编织网,冲孔网等),则网孔中粉层各处距集流网的距离不同,并可能出现由于粉层电阻引起的网孔中粉层平面上的电流不均匀分布。下面

我们以半径为 r_0 的圆孔(见图 4.12)为例来分析网孔中粉层平面上的电流分布。

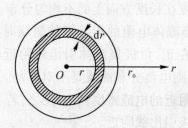

图 4.12 集流网孔中的粉层模型

$r = r$ 处宽度为 dr 的粉层窄环的电阻为 $\dfrac{\rho_{粉层}}{2\pi r}dr$,其中 $\rho_{粉层}$ 为粉层的面积比电阻(即方形粉层两对边之间的电阻)。设流经此窄环的总固相电流为 $I(r)$,则由于粉层平面电阻上的 IR 降而引起的局部"粉层/电解液"界面上的超电势(η)变化为 $d\eta = I(r)\dfrac{\rho_{粉层}}{2\pi r}dr$,并由此导出:

$$\frac{dI(r)}{dr} = \frac{2\pi r}{\rho_{粉层}}\left(\frac{d^2\eta}{dr^2}\right) + \frac{2\pi}{\rho_{粉层}}\left(\frac{d\eta}{dr}\right)$$

式中:$\dfrac{dI(r)}{dr}$ 即这一粉层窄环所产生的电化学反应电流。如果假设这一反应电流与 η 及窄环面积成正比,则

$$\frac{dI(r)}{dr} = k \cdot 2\pi r \eta$$

代入上式并整理后得到:

$$\left(\frac{d^2\eta}{dr^2}\right) + \frac{1}{r}\left(\frac{dV}{dr}\right) = k\rho_{粉层}\eta \quad (4.28)$$

解(4.28)式时可选用下述边界条件:

$$\begin{cases} r=0(\text{网孔中心处}), & d\eta/dr=0 \\ r=r_0(\text{网孔边缘处}), & \eta=\eta^0 \end{cases} \quad (4.28a)$$

式中: η^0 为在集流网上测得的超电势值。

(4.28)式的解为

$$\eta = \eta^0 \frac{I_0(r\kappa)}{I_0(r_0\kappa)} \quad (4.29)$$

式中: I_0 为零阶变型贝塞尔函数,其数值可在数学用表中查得[3]; $\kappa^{-1} = (\rho_{\text{粉层}} \cdot k)^{-1/2}$,可视为孔中粉层的特征反应宽度。在圆孔中心($r=0$)与边缘($r=r_0$)处界面极化值之比为

$$\frac{\eta_{r=0}}{\eta_{r=r_0}} = \frac{1}{I_0(r_0\kappa)} \quad (4.30)$$

其数值随 r_0/κ^{-1} 的变化规律见图 4.13。当 $r_0 \leqslant 0.7\kappa^{-1}$ 时,$\eta_{r=0}/\eta_{r=r_0} \geqslant 90\%$,可视为网孔内电流密度分布基本均匀;若 $r_0 > 3\kappa^{-1}$ 则圆孔中心部几乎不能用来实现电化学反应。因此,设计网眼尺寸可大致采用 $r_0 \leqslant 0.5(\rho_{\text{粉层}} \cdot$

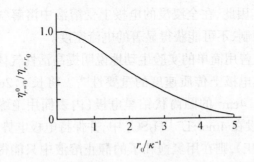

图 4.13 集流网孔中极化分布均匀程度随 r_0/κ^{-1} 的变化

$k)^{-1/2}$。在一般情况下,粉层的 $\rho_{粉层}$ 远大于集流体的 $(\rho_+ + \rho_-)$,因此孔的尺寸应远小于集流网引出线间的距离。若粉层的 $\rho_{粉层}$ 很小,如某些粉末金属电极那样,则 r_0 可以设计得很大,甚至没有必要采用集流网。反之,若粉层的 $\rho_{粉层}$ 太大,只减少 r_0 也不一定能实现孔中电流均匀分布,此时应考虑在粉层中加入导电良好的组分,如石墨、金属纤维等。

不难证明:类似的方法亦可适用于分析方孔及其他所有具有中心对称性和简单形状的孔中粉层内的极化分布。各种情况下所得到的结论亦基本相同。例如,对于方孔只要在各式中用方孔边长代替圆孔直径($2r_0$)即可。

4.5 气体扩散电极简介

4.5.1 高效气体电极的反应机理——薄液膜理论

氢、氧等气体在溶液中的溶解度只有 $10^{-3} \sim 10^{-4}$ mol·L^{-1}。因此,在全浸没的电极上受溶液中溶解气体的传质速度限制,不可能获得显著的电流密度。

Will 曾用简单的实验生动地说明提高活性气体及其反应产物在电极上传质速度的重要性[4]。将长 1.2cm、外表面积为 2.4cm^2 的圆筒状铂黑电极(内表面用绝缘材料覆盖)全浸没在 4mol·L^{-1} H$_2$SO$_4$ 中,并保持电极电势为 0.4V (相对 SHE),则在用氢饱和了的静止溶液中只能得到不足 0.1mA 的阳极电流。然而,如果将电极上端提出液面 3mm 左右,则输出电流大增(见图 4.14),几乎可达到与每分钟旋转几千转的圆盘电极上相近的电流密度。但若继续提高电极,输出电流却不再增大,表明在半浸没电极上只有高出液面 2~3mm 的那一段能最有效地用于进行气体电极反应。用显微镜能观察到这一段电极的表面上存在薄液膜。

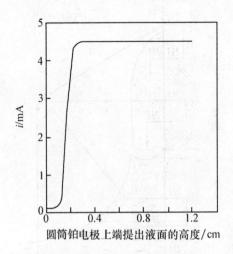

图 4.14 圆筒铂电极部分提出液面(暴露于氢气氛中)对氢的氧化电流的影响

上述实验现象可以定性地用图 4.15 来解释:氢可以通过几种不同的途径在半浸没电极表面上氧化,其中每一途径都包含氢迁移到电极表面与反应产物 H^+ 离子迁移到整体溶液中去这样一些液相传质过程。若其中有一项液相传质过程的途径太长,如途径 b 中 H_2 在整体溶液中的扩散与途径 c 中 H^+ 离子在液膜中的扩散(包括电迁)那样,就不可能给出较大的电流密度。按途径 d 反应时可能有利于通过气/固反应生成吸附氢,但还要通过固相表面上的扩散才能到达薄液膜上端的电极/溶液界面。若反应大致按途径 a

进行,则氢与 H^+ 离子的液相迁移途径都比较短,因此这一部分电极表面就可能成为半浸没电极上最有效的反应区。

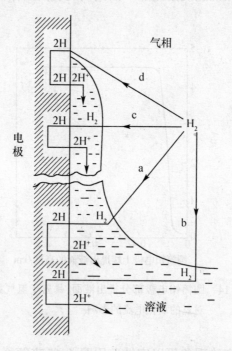

图 4.15 半浸没气体电极上的各种可能反应途径

从上述实验结果可以看到,制备高效气体电极时必须满足的条件是电极内部有大面积的气体容易到达而又与整体溶液较好地连通的薄液膜。因此,这种电极必然是较薄的包括固、气、液三种网格相的多孔电极(常称为"气体扩散电极"),其中既有足够发达的"气孔"网络使反应气体容易传递到电极内部各处,又有大量覆盖在催化剂表面上的薄液膜;这些薄液膜还必须通过"液孔"网络与电极外侧的溶液通畅地连通,以利于液相反应粒子(包括产物)的迁移。当然,固相的电阻也不能过大,否则输出电流时将在固相中出现显著的电压降。

4.5.2 高效气体电极的结构

迄今曾较多地试用过的气体扩散电极主要有三种结构形式:

1. 双层电极(见图 4.16)

电极用金属粉末及适当的发孔性填料分层压制然后烧结制成。电极中的"细孔层"(其中只有细孔)面向电解液,"粗孔层"(其中有粗孔也有细孔)面向气室。若金属粉末本身不具备电化学催化剂的性能,还要通过浸渍等方法在孔内沉积催化剂。此类电极的内表面往往是亲水的,因此,若气室中不加压,则电解液将充满电极内部,甚至流入气室;但如果将气体压力调节到适当的数值,也可以使气体进入粗孔层中的粗孔内而不突入细孔,同时在粗孔的内表面上形成通过充液细孔网络与整体电解液连通的薄液膜。根据毛细管公式,气体进入半径为 r 的亲水毛细管的临界压力为 $\frac{2\sigma\cos\theta}{r}$,其中 σ 和 θ 分别为气、液相之间的界面张力和接触角。因此,气体电极的工作压力 P 应满足 $\frac{2\sigma\cos\theta}{r_{细}} > P > \frac{2\sigma\cos\theta}{r_{粗}}$,其中 $r_{粗}$ 和 $r_{细}$ 分别为粗孔和细孔的半径。若气压过低 $\left(P < \frac{2\sigma\cos\theta}{r_{粗}}\right)$,则粗孔将完全被电解液充满;而若气压过大 $\left(P > \frac{2\sigma\cos\theta}{r_{细}}\right)$,则气体将透过细孔层进入电解液。事实上,电极中粗、细孔的半径都不是均一的。当气室中压力逐渐增大时,粗孔按孔径大小的顺序依次充入气体。通常双层电极中的粗孔半径约为几十微米,而细孔半径不超过 2~3μm,因此常用的气体工作压力约为 50~300kPa。

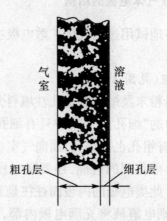

图 4.16 双层电极(示意图)

2. 防水电极

通常用催化剂粉末(有时还加入导电性粉末)和憎水性微粒或乳液混合后经碾压或喷涂及适当的热处理后制成。常用的憎水性材料为聚乙烯、聚四氟乙烯等。由于电极中含有 $θ>90°$ 的憎水组分,即使气室中不加压力,电极内部也含有一部分不会被溶液充满的孔——"气孔"。另一方面,由于催化剂表面是亲水的,在大部分催化剂团粒的外表面上形成了可用于进行气体电极反应的薄液膜(见图 4.17)。实际防水电极在面向气室的表面上还覆盖了一层完全憎水的透气膜,以防电解液透过电极的亲液孔进入气室,这种电极的特点是工作气体不需加压,因此特别适用作为空气电极,用来实现空气中氧的还原。

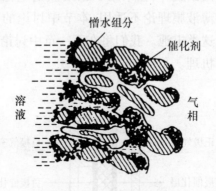

图 4.17　防水电极(示意图)

3. 隔膜电池

电池由两薄片用催化剂微粒制成的电极与隔膜层(例如石棉纸膜或聚合物膜)结合组成(见图 4.18)。所用隔膜应具有良好的吸液能力,且其中微孔的半径比电极内微孔的孔径更小,故加入的电解液首先被隔膜所吸收,然后才用于浸湿电极。若适当控制加入电解液的量,就可以使电极处在"半干半湿"的状态,即其中既有大面积的薄液膜,又有一定的气孔。这种电极容易制备,催化剂利用效率也较高,且不可能"漏气"或"漏液",其最大的缺点是工作时必须严格控制电解液的量,否则容易导致电极"淹死"(气孔不足和液膜太厚)或"干涸"(液膜太薄、液相传质和导电能力太低)。若两侧气室压力不平衡还可能导致出现一侧催化层被淹没而另一侧催化层干涸的情况。

本身具有离子导电性的聚合物电解质膜(例如 Nafion 膜)是一类在燃料电池研究中得到广泛应用的隔膜。采用这种隔膜时电池的结构与图 4.18 基本相同。但由于离子导电性不会溢出膜外,在采用 Nafion 膜的电池中显然前述生成电流的薄液膜理论不适用,本节中讨论的大部分内容亦不适用于这类电池。我们将在下一章中讨论这类电池中生成电流的机理。

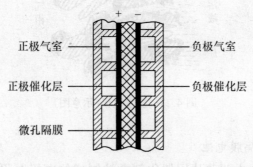

图 4.18　隔膜电池

　　从反应机理角度来看,上述三类气体扩散电极并无原则上的区别,只是用来建立三相适当分布的方法不同。任一类电极都可以看成是由"气孔"、"液孔"和"固相"三种网络交织组成,分别承担气相传质、液相传质和电子传递的功能。在气-液界面上进行气体的溶解过程,而在固-液界面上进行电化学反应。这种电极内部可能出现各种极化现象,如气相和液相中反应粒子的浓度极化、液相和固相内的 IR 降(有时称为"电阻极化")、反应界面上的电化学极化等,其本质与常规电极表面上的极化并无区别。然而,由于电极反应在三维空间结构内进行,距电极表面不同深度处的极化情况往往不同。因此,气体扩散电极的极化曲线公式要比平面电极和全浸没多孔电极的极化公式更为复杂。

下面将通过一些最简单的例子来说明气体扩散电极中出现极化现象的基本机理与特点。

4.5.3 气体扩散电极中透气层的传质能力

当采用纯净的反应气体时,若不考虑反应生成物的逆流传质过程,则气相传质的主要方式是流动而不是扩散。若采用不纯反应气体,则由于其中反应气体的分压一般较高,也需要考虑气体的整体流动而不能只考虑扩散过程。

可将不纯反应气体(例如空气)所含组分分为两组,其中"1"为能在电极上反应的组分(例如空气中的氧),"2"为惰性组分(例如空气中的氮和惰性气体等)。如此,组分"1"的流量可写成:

$$\boldsymbol{J}_1 = -D_{12}\left(\frac{\partial c_1}{\partial x}\right) + \left(\frac{c_1}{N}\right)\boldsymbol{J}_\text{总} \tag{4.31}$$

式中:c_1 和 c_2 分别为两种组分的浓度;D_{12} 为组分"1"在组分"2"中的扩散系数;$N = c_1 + c_2$。右方第一项表示浓度梯度引起的扩散流量,第二项表示由于气体整体流动($\boldsymbol{J}_\text{总}$)而引起的组分"1"的流量。若气孔内基本不出现压差,则 N 为常数。

当气孔内的浓度极化达到稳态后,显然有 $\boldsymbol{J}_2 = 0$ 而 $\boldsymbol{J}_1 = \boldsymbol{J}_\text{总}$,故上式可写成:

$$\boldsymbol{J}_1 = -D_{12}\left(\frac{1}{1 - c_1/N}\right)\frac{\mathrm{d}c_1}{\mathrm{d}x}$$

设气体扩散层(透气层)的厚度为 δ,而取该层面向气室的表面位置为 $x = 0$,即反应区在 $x \geqslant \delta$ 处。由于在 $x = 0 \to \delta$ 的范围内不发生电化学反应,故 $\boldsymbol{J}_1$ 必为定值,因此可按下式积分:

$$\boldsymbol{J}_1 \int_0^\delta \mathrm{d}x = -D_{12} \int_{c_1^0}^{c_1^s} \frac{\mathrm{d}c_1}{1 - c_1/N}$$

得
$$J_1 = \frac{D_{12}N}{\delta}\ln\frac{1-c_1^s/N}{1-c_1^0/N} = \frac{D_{12}N}{\delta}\ln\frac{N-c_1^s}{c_2^0} \quad (4.32)$$

以上诸式中 c_1^s 为 $x=\delta$ 处组分 1 的浓度。用 $c_1^s=0$ 代入，就得到相应于透气层极限气相传质速度的极限电流密度为

$$I_d = \frac{nFD_{12}N}{\delta}\ln\frac{N}{c_2^0} = \frac{nFD_{12}}{\delta}c_1^0\left(\frac{N}{c_1^0}\ln\frac{N}{c_2^0}\right) \quad (4.32a)$$

与通常的极限扩散电流密度公式比较，(4.32a)式的特点是其中引入了校正项 $f=\dfrac{N}{c_1^0}\ln\dfrac{N}{c_2^0}$。

对于空气电极，$n=4$，$N=4\times10^{-5}\mathrm{mol\cdot cm^{-3}}$（25℃，常压下），$\dfrac{N}{c_2^0}\approx\dfrac{1}{0.8}$，故 $f=1.11$。若设 D_{12} 的有效值为 $2\times10^{-2}\mathrm{cm^2\cdot s^{-1}}$（按 $D_{12}^0=0.2\mathrm{cm^2\cdot s^{-1}}$，$V_g=0.4$，$\beta_g^2=4$ 估计）和 $\delta=0.5\mathrm{mm}$，则代入（4.32a）式后得到 $I_d\approx 1.5\mathrm{A\cdot cm^{-2}}$，表示即使是比较厚的空气电极透气层也可以支持很高的输出电流密度。如果燃料气是含氢（$D_{12}^0\approx 0.8\mathrm{cm^2\cdot s^{-1}}$）量较高（>50%）的混合气体，则 I_d 每平方厘米可高达几安。然而，不应由此得出结论，认为气相反应粒子的传递不会形成气体电极过程的障碍步骤。上述讨论均只涉及透气层内部的传递过程，而在实际电化学装置中还可能出现由于透气层表面上气流不畅而引起的气相反应物的浓度极化。特别是对于气室厚度很小的大尺寸电池组，如何设计气体的流场，使气体电极表面上各处均有充分的反应物供应，仍然是很复杂的工程技术问题。

4.5.4 气体扩散电极的极化模型

由前述气体扩散电极的结构可见，除离子膜电池外，各

种类型的气体电极均主要由两种结构区域组成:其一是由气孔和表面憎水性较强的颗粒所组成的"干区";其二是由电解液和被其浸湿的颗粒所组成的"湿区"。两种区域犬牙交错而构成气体电极。

为了分析气体扩散电极的极化行为,在科学文献中曾提出过各种各样的物理模型,如单孔模型、弯月面液膜模型等。本书作者则倾向于认为"薄层平板模型"能较好地反映电极中的情况,且易于数学分析,因而以下主要介绍根据这种模型得到的分析结果。

薄层平板模型认为:气体电极的催化层中由"干区"和"湿区"犬牙交错组成的网络可以等效为由"干"和"湿"两种纤维组交错成的纤维束,并可假设所有纤维均垂直于电极表面而且是"直通"的(见图 4.19)。两种纤维的截面尺寸大致与电极截面图上干区和湿区的平均尺寸相当。当采用这一模型时,需采用前面介绍过的各种传递参数(如扩散系数、电导率等)的"表观值"来处理多孔层中的过程。若进一步考虑到两种区域犬牙交错时并不存在主要是某一种区域包围另一种区域的情况,则"干"、"湿"两种区域的平均表面曲率半径应无差别。这样,就可以进一步将纤维束模型简化为"薄层平板模型"(见图 4.20),其中"干区薄层"和"湿区薄层"的厚度分别与气体扩散电极中"干区"和"湿区"的平均截面尺寸相对应。按照这种模型,厚度为微米级或亚微米级的"干区薄层"和"湿区薄层"以垂直于电极表面的方向交错平行分布而形成催化层。只要分析"干层/湿层"界面,并考虑在垂直于电极表面方向上的 IR 降及反应粒子的浓度分布,就可以推导出极化曲线公式。

一般说来,气孔中传递阻力往往较小,同时 $\rho_l \gg \rho_s$。在

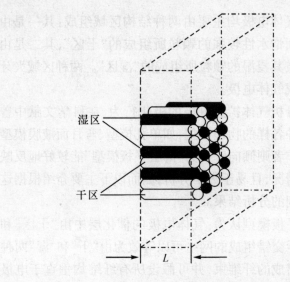

图 4.19 纤维束模型

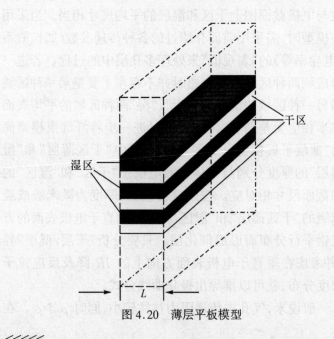

图 4.20 薄层平板模型

当满足这些前提时,引起气体扩散电极中出现极化的原因主要有以下三个方面:

(1) 溶解在湿区中的反应气体和反应产物的浓度极化;

(2) 液相网络电阻引起的 IR 降;

(3) "固/液"界面上的电化学极化。

以上三项中可能有一项或一项以上成为决定极化值的主要因素。

在文献[5]中,本书作者等人曾经详细分析了可能出现的各种情况。由于篇幅限制,在本节中不再重复。在图4.21中示意表示主要是以上三项极化机理中的一项或一项以上引起电极极化时典型极化曲线的形式。图4.22示意

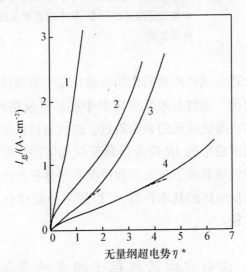

图 4.21　各种极化机理引起的极化曲线
1. 单纯电化学极化;2. 电化学极化 + 液相 IR 降;3. 电化学极化 + 溶解气体传质障碍;4. 电化学极化 + 液相 IR 降 + 液相传质障碍

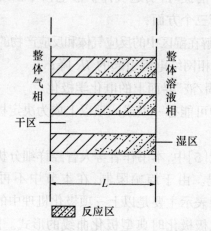

图 4.22 上述三项极化机理共同作用时催化层中有效反应区的分布,其中黑点表示反应区位置

表示当上述三项机理共同作用时催化层中有效反应区的典型分布情况。这时有效反应区集中在靠近液相的一侧,并优先分布在湿区薄层的表面附近。造成这种情况的原因分别是液相网络中的 IR 降及溶解反应气体的浓度极化。这一图像定性地显示了在大多数情况下气体扩散电极的催化层中有效反应区的基本位置,可以用来分析优化电极性能的可能途径。

4.6 由电化学活性粒子组成的多孔电极

前面所讨论的多孔电极极化行为,主要适用于电极中固相只提供反应表面,而本身不参加电化学氧化还原反应的场合。这时组成电极的粉末主要起着"集流网络"和"电化学催化剂"的作用。Li-SOCl$_2$电池中的多孔碳电极可视为这种类型电极的一个典型的例子。然而,化学电池中的电极往往由直接参加电化学氧化还原反应的粉末组成,常称为"电化学活性粉末电极"(简称"电活性粉末电极")。这就大大增加了分析问题的复杂性。

在分析这一类多孔电极时应同时看到两个方面:一方面,在每一确定的瞬间,前述各项有关多孔电极极化行为的基本原则大多仍然适用,如基本极化公式、固相和液相电阻及反应物浓度极化对反应层位置及其有效厚度的影响等等;另一方面,又要看到在极化过程中粉末的氧化还原状态不断变化,以及由此引起的反应物浓度和固、液相电阻的不断变化等。特别是,由于多孔电极内部的极化分布本来就是不均匀的,电化学反应造成的影响在电极内不同深度处也是不均匀的。因此,多孔电极内部极化分布的不均匀性随极化时间的持续而不断变化。此外,贮存于多孔电极内部的电活性物质的总量是有限的,迟早终将耗尽。这样,在连续极化(不断输出电流)的过程中多孔电极的极化行为不断地变化,主要是有效反应区的位置、厚度及其反应能力不断变化,同时还涉及固、液相导电能力的变化。这些变化大都伴随着超电势的增大,最终导致粉层中的反应物基本耗尽,而电极不再具有输出电流的能力。

显然,企图定量解析电活性多孔电极放电反应的全部动态过程是相当困难的;用计算机模拟的方法则有助于处理一些难以用解析方法处理的问题。对后者有兴趣的读者可参阅文献[6~8]。然而,即使是定性的考虑也可以导出一些有用的结论。例如,利用前节中讨论过的基本极化机理，可以大致估计电活性多孔电极应具有的较适宜的厚度，以及在充放电过程中有效反应区的位置及其移动情况等等。

当涉及有关化学电源中多孔电极的极化问题时，由于在这类电化学装置中电解质相内参加反应的粒子（如水溶液电池中的 H^+，OH^-，锂电池中的 Li^+ 等）的浓度一般较高，常构成主要导电组分，因而引起这些粒子移动的机理包括电迁移，而不仅是扩散。这时，对于对称型电解质溶液，有效反应层的"特征厚度"公式[(4.21a)式]应改写成①：

$$L_c^* = \left(\frac{2nFD_{\text{有效}(1)} c^0}{i^0 S^*} \right)^{1/2} \qquad (4.21b)$$

比按(4.21a)式计算所得值大 41%。

当设计化学电池电极的厚度时，如果期望尽可能高的功率输出（即全部微粒均能同时参加电流输出），则极片厚度不应显著大于 L_Ω^* 或 L_c^*（选其中较小的一个）。计算 L^* 时需要知道 $i^0 S^*$（单位体积中的交换电流），可用以下粉末微电极一章中所介绍的方法测出。

在一些容量较大而内部结构较简单的一次电池中，往往采用较厚的粉层电极（如锌锰电池中的"炭包"）。当输出较大电流时，在电极厚度方向上的极化分布一般是不均匀的。因此，有必要大致估计有效反应区的位置及其在放电过程中的移动情况。在放电的初始阶段，反应区主要是

---

① 有些书中写成：$L_c^* = \left[\dfrac{nFD_{\text{有效}(1)} c^0}{i^0 S^* (1-t_i)} \right]^{1/2}$，其中 t_i 为反应粒子的传递系数。当 $t_i = 0.5$ 时，此式与(4.21b)式相同，而在 $t_i \to 0$ 时变成(4.21a)式。

位于粉层表面附近或其最深处（导流引线附近），取决于 ρ_s 和 ρ_l 中哪一项数值较大（参见图 4.5）。随着放电的进行及活性物质的消耗，反应区逐渐向内部或外侧移动。这就提出一个问题：当化学电池中较厚的活性粉层电极放电时，什么是较理想的初始反应区的大致位置以及其移动方向？这一问题的答案大致取决于 ρ_s 及 ρ_l 在放电过程中如何变化。

大多数情况下 $\rho_l \gg \rho_s$，这时反应区的初始位置在电极靠近整体液相一侧的表面层中，且随放电进行而逐渐内移。一般说来，这种情况是比较理想的，因为在这种情况下由于放电反应而可能引起的 ρ_s 的增大不会严重影响放电的进行。然而，若反应产物能在孔内液相中沉积（如 Zn 电极，$SOCl_2$ 电极），则由于电极表面层中的微孔逐渐被阻塞，会使表面层中的液相电阻不断增大，导致电极极化增大。从这一角度看，若电极反应能引起液相中出现沉积时，尽可能减小 ρ_l 使初始反应区的位置处于粉层深处（靠近引流导线一侧）可能是有利的。然而，若放电反应能引起 ρ_s 增大，则近引出线处活性物质优先消耗也会引起电池内阻显著上升和极化增大。

对于二次电池，还需要考虑在反复充/放电过程中活性物质的结构是否发生重大变化。当反应产物在电解质中有一定的溶解度时，这一问题往往特别严重。例如，金属锌和金属锂阳极反应后生成溶解度相当高的反应产物，再充电时很难在原地生成结构与前相同的活性物质，因此它们主要只能用于一次电池。若可溶性反应产物随液相迁移而在充电时异地析出，就容易发生电极形变。从液相中析出时常伴随的浓度极化则容易引起枝晶生长。因此，当生成可溶性的反应产物后再度充电时,电流密度的分布往往受制于反应产物的不均匀浓度分布以及新晶核生长的动力学规律,这是一个相当复杂而不易控制的问题。

关于二次电池充、放电时可能发生的结构变化以及它们对二次电池充、放电性能和循环寿命的影响,有兴趣的读者可参阅文献[9]。

参 考 文 献

[1] 吉林大学化学系.催化作用基础(第3版).科学出版社,2005.第二章

[2] 杨汉西,陆君涛,查全性.武汉大学学报(自然科学版),1981,1:57;1982,2:101.

[3] L.J. Briggs, A. N. Lowan. Table of the Besel Fuctions $J_0(z)$ and $J_1(z)$ for Complex Arguments. Columbia Univ Press, 1943

[4] F. G. Will. J. Electrochem Soc., 1963,100:145

[5] 查全性,陆君涛,等.武汉大学学报(自然科学版),1975,3:83.

[6] D. Fan, A. White. J. Electrochem Soc.,1991,138:17

[7] M. Dayle, T. F. Fuller, J. Newman. J. Electrochem Soc., 1993,140:1526;1994,141:1.

[8] P. Mauracher, E. Karden. J. Power Sources,1997,67:69.

[9] 查全性.电极过程动力学导论(第3版).科学出版社,2002.第十章.

第五章
粉末微电极及其在化学
电源研究中的应用

5.1 粉末微电极简介

在化学电源中广泛使用各种粉末材料来制造电极,包括直接参加电化学反应的"电化学活性粉末"以及不直接参加电化学反应的各种"非电化学活性粉末",后者包括用来改善导电性、增加机械强度和改进粉层孔隙结构或提供电催化表面的各种粉末材料。

电化学研究中经常使用的平面电极、滴汞电极、微盘电极等均无法用来研究粉末的电化学行为。为了研究粉末材料的电化学行为,按常规方法需要先制成粉末电极。传统的方法是先将粉末与一定比例的粘结剂混合,然后通过涂布、加压或滚碾等工艺成型;有时还需要经过热压或烧结才能达到一定的机械强度。这类工艺不仅比较烦琐和费时,往往重现性也不佳。加入粘结剂或经热压、烧结后粉末的性能还可能发生变化;因此,采用这类方法制成的电极虽然比较接近应用电极,但难以用来研究各种单一或混合粉末组分的本征电化学行为,特别是电化学活性粉末的行为。

近十余年来在武汉大学电化学研究室创立及发展起来的粉末微电极技术[1,2],为研究粉末材料的电化学性质提供了简便易行的实验方法,已在电化学电源、电催化研究、生物电化学传感器、熔盐电解等领域得到一定的应用。

1. 粉末微电极的制备方法

先将微铂丝或金丝热封在玻璃毛细管中,截断后打磨端面至镜面平滑,形成铂或金微盘电极,然后将电极浸入热王水(对金丝可用浓 HCl 溶液)中腐蚀微盘表面,使微盘处形成一定深度的微凹坑,再经超声清洗后即可用于填充待研究的粉末材料。贵金属丝的直径一般在 $30\sim250\mu m$ 之间;凹坑的深度大致与微孔直径相近或稍小,以便于清洗和牢固地填充粉末。

微凹坑的半径(r_0)可用测量显微镜测定。微凹坑的有效深度(l)可根据凹坑底部的电极在 $Fe(CN)_6^{3-}$ 溶液中的极限扩散电流值(i_d)计算,所用公式为

$$i_d = FDc / \left(\frac{\pi r_0}{4} + l\right) \tag{5.1}$$

式中:D, c 分别为 $Fe(CN)^{3-}$ 的扩散系数和浓度;$\frac{\pi r_0}{4}$ 为凹坑端面外测液相中的有效扩散层厚度。

填充粉末时先将少量粉末铺展在平玻璃板上,然后直握具有微凹坑的电极,采用与磨墨大致相同的手法在覆有粉末的表面上反复碾磨,即可使粉末密实地嵌入微凹坑。图 5.1 是嵌入粉末后微电极端面的典型照片。

2. 粉末微电极方法的特点

与传统的微盘电极相比,粉末微电极的主要特点是具

第五章 化学电源选论

图 5.1 扫描电镜照片

有高得多的反应表面。当微电极的表观端面面积相同时,后者的真实表面积可以比前者大几百倍至近千倍。因此,同一反应在粉末微电极上往往显示更高的表观交换电流密度与更好的可逆性。

与采用传统方法制备的粉末电极片相比,粉末微电极方法的优点主要表现在三个方面:

(1)粉末用量少,一般只需几微克;

(2)制备方法简易,不需用粘结剂和导电添加剂,也不需要热压和烧结等工艺;

(3)电极厚度更薄,较易实现在全部粉层厚度中的均匀极化。

因此,粉末微电极方法特别适用于研究各种粉末材料(包括用来制备化学电池极片的各种粉末材料)的本征电化学性质。

5.2 用粉末微电极方法研究粉末材料的电催化行为

在这种情况下,微电极的粉层由不参加净电化学反应的催化剂粉末组成,即粉末只提供电化学催化表面,而反应物处在溶液相中。用电化学催化剂粉末填充制得的微电极主要用于表征各种粉末态电催化剂的电化学性能。

由于粉层很薄,若溶液导电率较高则一般可不考虑粉层中固相和液相内 IR 降所引起的不均匀变化。因此,可以根据整体溶液相中及粉层内部是否出现反应粒子的浓度极化,分为下列几种情况来讨论:

首先,当粉末微电极端面外侧的溶液相中及粉层内部均不出现反应粒子的浓度极化时,只需要考虑粉层的真实内表面积就可以写出有关的极化公式。例如,对于完全不可逆反应,可以仿照 Tafel 公式写出:

$$\eta^0 = -\frac{2.3RT}{\alpha nF}\lg(\pi r_0^2 l i^0 S^*) + \frac{2.3RT}{\alpha nF}\lg i \quad (5.2)$$

式中: i 为通过粉末微电极的电流; i^0 为真实表面上的交换电流密度; $\pi r_0^2 l$ 为粉层总体积; S^* 为粉层的体积比表面; $\pi r_0^2 l i^0 S^*$ 为全部粉层表面上的交换电流值。因此,可用(5.2)式来计算 αn 和 $i^0 S^*$ 值。后者是粉末电催化剂的一个重要参数,表示单位体积粉末层的交换电流值,即使无法分离为 i^0 和 S^* 也有其实用价值。

其次,对于完全不可逆的电极反应,如果在溶液不出现反应粒子的浓度极化,然而在粉层中出现浓度极化,则需用(4.20)式来计算电流密度 $I_{总}$,而用 $i = \pi r_0^2 I_{总}$ 来计算粉末微电极上的电流。当粉层"足够厚"时,可以略去 $\tanh(\kappa_c l)$ 项而得到形式与(4.20a)式相似的具有"双倍斜率"的半对数极化曲线。

如果在粉末微电极外侧溶液中出现了反应粒子的浓度极化,则需要考虑粉层外侧表面附近溶液中 c^s 的变化,为此可利用微盘电极的极限电流公式 $i_d = 4nFDc^0 r_0$ 及 $c^s = c^0 \left(\dfrac{i_d - i}{i_d} \right)$ 等关系式来处理。

为了使粉末微电极上极化曲线的推导"井然有序",有必要先分析粉层中和粉层外侧液相中反应粒子出现浓度极化的顺序。当粉层端面外侧液相中开始出现浓度极化时,相应的电流密度大致为 $I'_{总} = 0.1 i_d / \pi r_0^2 = \dfrac{0.4}{\pi} nFDc^0 / r_0 \approx 0.1 c^0 / r_0$(设 $n = 1, FD \approx 1$);而粉层中开始出现浓度极化的条件可估计为 $-dc/dx = c^0 / 10 l$,相应的电流密度为 $I''_{总} = -nFD_{有效(l)}(dc/dx) = nFD_{有效(l)} c^0 / 10 l$,故 $I'_{总} / I''_{总} = (nFD_{有效(l)})^{-1} \dfrac{l}{r_0} \approx 10 l / r_0$ ($n = 1, FD_{有效(l)} \approx 0.1$)。因此,若 $l \geqslant r_0$(一般粉末微电极均符合此条件),则 $I'_{总} \gg I''_{总}$。换言之,当极化电流增大时,在粉末微电极上一般是先出现粉层中的浓度极化。

根据这一估算,并假设粉层中不出现 IR 降,则随着极化电流增大会顺序出现四种情况(见图5.2):

当极化电流很小,以致粉层中及外侧液相中均不出现浓度极化时,首先出现可用(5.2)式描述的极化曲线,此时

半对数极化曲线 η^0-$\lg i$ 的斜率为"正常斜率"。

当极化电流逐渐加大以致粉层中出现反应粒子的浓度极化后，极化曲线可用(4.20)式描述。当反应层不断减薄，达到粉层可视为"足够厚"时(4.20)式可改写为(4.20a)式，此时的半对数极化曲线 η^0-$\lg i$ 具有"双倍斜率"。

然而，当极化电流进一步增大时，实际反应区的厚度 L_c^* 不会如(4.21)式所预示的那样随 $\eta^* \to \infty$ 而趋近于零，而只会减少到某一由粉层表面粗糙程度决定的极限值；此后粉层电极等效于"表面粗糙的平面电极"。因此，上一段导出的具有"双倍斜率"的半对数极化曲线不会无限延伸，而显示平面电极特征的具有"正常斜率"的极化曲线将再度出现，相当于具有恒定表面积的"平面粗糙电极"上的极化曲线。

由此可见，在粉末微电极的 $\eta^0 \sim \lg i$ 极化曲线上，有可能先后出现两段相互平行而又互不相交的具有"正常斜率"的半对数关系曲线，分别对应于整体粉层与粉层表面的电化学反应能力。由于根据后一段具有"正常斜率"的曲线不能求出粉层的反应能力，处理实验数据时需要仔细识别正常斜率段究竟对应于什么样的情况。

最后，当电流增大至在粉层外侧的液相中反应粒子开始发展浓度极化后，"平面粗糙电极"上的极化曲线变得与一般平面电极上测得的相似，此时 η-$\lg\left(\dfrac{i}{i_d - i}\right)$ 为具有"正常斜率"的直线，并最后出现极限电流 $i_d = 4nFDc^0 r_0$。当 c^0, D, r_0 均为已知值时可根据 i_d 计算电极反应涉及的电子数 n。

在图 5.2 中示意表明用粉末微电极测得的极化曲线的

各个阶段。

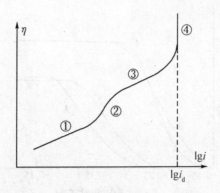

图 5.2 粉末微电极上完全不可逆反应的半对数极化曲线(示意图)
①粉层及外侧溶液中均不发生浓度极化；
②粉层中浓度极化发展；
③粉层内反应物耗尽，电极等效为"表面粗糙平面电极"；
④外侧溶液中出现浓度变化，最终出现扩散极限电流 i_d

粉末表面上反应粒子氧化还原时涉及的电子数是一项很难用其他方法测量的重要反应参数。采用粉末微电极方法可根据 i_d 值方便地求出 n 的数值，是这一方法的突出优点。在图 5.3 中显示了在用不同碳粉材料填充的粉末微电极上测得的氧还原曲线，根据其 i_d 值可以估算出不同粉末材料表面上的 n 值，表示氧在不同的碳粉表面上还原时二电子反应与四电子反应所占有的份额颇不相同。然而，由此测得的只是极限电流区的反应电子数，而不能保证在电流上升段电极过程的反应电子数与此相同。这也是所有根据极限电流测量 n 值时遭遇到的共同问题。

还可以利用粉末微电极来研究更复杂的电极反应。例

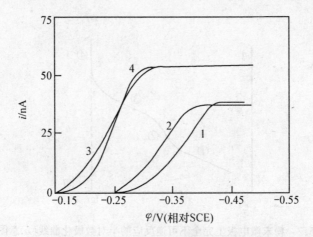

图 5.3 用 $r_0=25\mu m$ 粉末微电极在 KOH 溶液中测得的氧还原极化曲线
1. 乙炔黑；2. RB 碳粉；3. 用 TMPPCo 修饰了的乙炔黑；
4. 用 TMPPCo 修饰了的 RB 碳粉

如：在 Li-$SOCl_2$ 电池中，当 $SOCl_2$ 在正极上还原时会生成硫与一系列含硫中间化合物。它们会阻塞液体孔道并覆盖催化表面，引起反应能力降低，而采用不同催化剂时效果不同。图 5.4 中显示了用粉末微电极对这类现象的研究结果。

从以上的讨论可见，由于当极化电流增大时粉末微电极中粉层的有效反应面积可能不断发生变化，利用这一方法定量测定催化电极表面反应的动力学参数并非易事（反应电子数 n 的测定则是一个例外）。只有当粉层中不出现浓度极化（和 IR 降）时，才有可能较简便地利用这一方法来测定催化粉末和催化电极表面反应的动力学参数。

但是，这些缺点并不能贬低粉末微电极的应用价值。

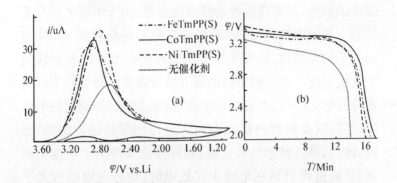

图 5.4 在含有不同金属有机大环化合物催化剂的 1M LiClO$_4$ 溶液中用乙炔黑粉末微电极测得的 SOCl$_2$ 电氧化曲线
(a)循环伏安曲线;(b)恒电流极化曲线

只需用极少量样品就可以快速测定发生反应的电势范围以及反应大致的动力学性质,这至少对于比较和筛选各种可能选用的催化体系是十分有用的快速实验方法。若仔细分析半对数极化曲线上具有不同斜率的线段,则有可能对表面反应动力学和粉层电极中的传输过程作更细致的分析。在深入认识粉末微电极的特点(特点是极化行为)后,我们有理由期望这一方法今后将会得到更广泛的应用。

5.3 用粉末微电极方法研究具有电化学活性的粉末材料

在这类场合中,粉末微电极的粉层主要由参加电化学反应的粉末材料粒子组成,用于研究和筛选用来制备化学电池的电活性粉末材料。除了制备简易、粉末用量少和不需粘结剂外,粉末微电极的特殊优点是:由于粉层很薄及溶液相一般导电性良好,因而在粉层中不易出现因 IR 降引起的不均匀极化,故可采用更高的体积电流密度和更快的充放电制度。利用粉末微电极方法可以重点研究粉末材料本身的电化学行为,包括发生在"粉末/溶液"界面上的电化学过程,以及粉粒内部的电荷传递与物质传递。例如,当镍、锰、钴等过渡金属氧化物、储氢合金及锂离子电池中的正、负极嵌锂材料在电池中充放电时,均涉及电活性离子(H^+,Li^+离子等)在粉粒中的迁移、嵌入及脱嵌。

可以根据需要采用不同的极化程序来研究电极活性粉末材料的行为:

为了了解电极活性材料所经历的氧化还原反应的全貌,可在一定电势区间内测定单周循环伏安图。图 5.5 中画出了几种嵌锂过渡金属氧化物的阴、阳极伏安曲线,从中可大致看出在所研究的电势范围内有几组氧化还原过程,它们的反应电势以及电极反应的可逆性等。为了模拟电池中的充放电性能,则可采用恒电流极化方法(见图 5.6)。这些曲线不仅测量简便,还可采用比研究常规粉末电极时更快的充放电速度。用粉末微电极方法测得的极化值往往小于用传统方法测出的数值,估计是由于采用粉末微电极方法可以减小或完全避免 IR 降和浓度极化现象的干扰,致使测量结果能更好地表征粉末的本征电化学性能。

还可以采用多周期的循环伏安方法来估计电活性粉末材料的循环充放电性能。图 5.7 表示的是典型混合稀土型储氢合金的循环伏安曲线,共用了约 30h 来完成 1 000 周

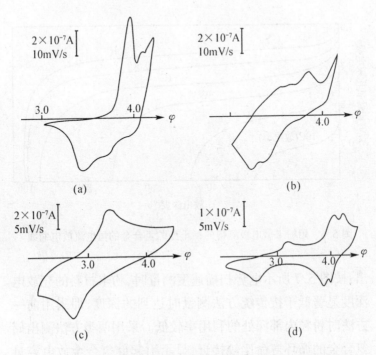

图 5.5 用粉末微电极方法测得的几种嵌锂过渡金属氧化物的循环伏安曲线(参比电极为锂片)
(a)Li_xCoO_2;(b)Li_xNiO_2;(c)化学掺杂 MnO_2;
(d)尖晶石 $LiMn_2O_4$

循环充放实验。根据峰值氧化电流的变化(见图 5.7 中插图)可以明显地看到储氢合金的活化过程及性能缓慢衰退等阶段。如此测得的循环寿命数据与采用传统方法测得的寿命数据二者之间有较好的平行关系,而采用粉末微电极方法所费的时间要短得多,这就提供了一种可以比较快速地估计电活性材料循环寿命的实验方法。然而也应该指

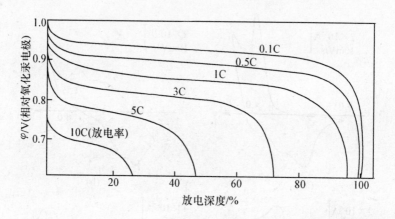

图 5.6 用粉末微电极测得的稀土型贮氢合金的恒电流放电曲线

出:按图 5.7 所示电势扫描速度测量时,粉末材料的充放电深度显著低于按传统方法测量时达到的深度,即采用前一方法时粉粒内部深处的利用率较低。采用两类方法测出储氢合金的循环寿命比较接近,显示引起储氢合金放电容量衰退的过程可能主要发生在粉粒表面上。余良泽等人[3]曾用类似方法研究聚苯胺的充放电行为,在 8d 内完成了 45 000 周循环充放(100mV/s),但根据电量估算,充放电深度只有 10%～20%(见图 5.8)。

对于反应物或反应产物(如吸附 H 原子,H^+,Li^+ 等)在固态活性粒子内部的传质过程,从原则上说可根据恒极化电势脉冲作用下反应电流衰退过程的时间常数来研究。但反应电流衰退过程的时间常数与活性粒子的尺寸有关,因而采用常规粉末电极方法时所测量的是多个尺寸不同的活性粒子的综合行为,遂引起分析数据的困难。即使采用

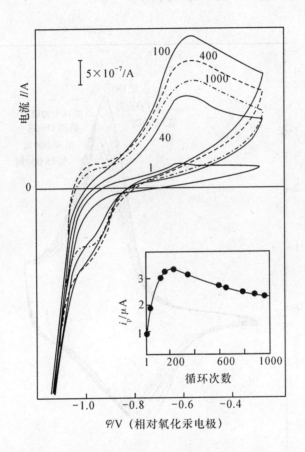

图 5.7 稀土型贮氢合金的循环伏安曲线,曲线旁数字表示循环次数
（插图表示峰电流的变化）

粉末微电极方法,借以减少被测量的粒子数和粉层中的 IR 降,也不能完全绕过这类困难。从原则上说,解决这一困难

的方法可能有两种：一是制备粒子尺寸分布很窄的粉末样品,一是测量单个粒子的行为。

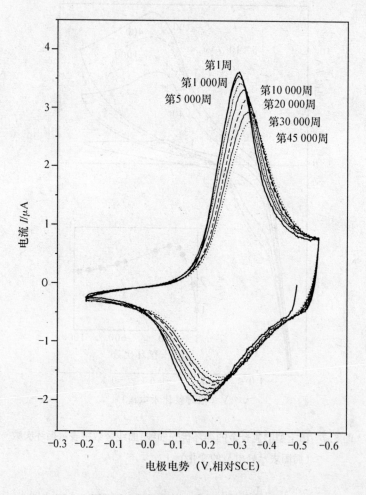

图 5.8　聚苯胺的多周期循环伏安线

最近我们实验室中发展了测定单粒粉末电化学行为的微电极技术[4]。实验时先在立体显微镜(120倍)的帮助下用玻璃纤维将一粒大小与微凹坑匹配的活性粒子驱赶至微电极的微坑中,并用玻片加压使粒子与微坑基底保持良好的导电接触。这样就构成了可用来测量单粒粉末电化学行为的实验装置(见图5.9)。利用这一装置可以根据单个微粒对各种电化学极化程序的响应,求出有关的动力学参数和传递参数。例如,对单粒球状氢氧化镍的研究表明,单粒内部很可能包括两类组成区域:其一为由连续多孔非晶相

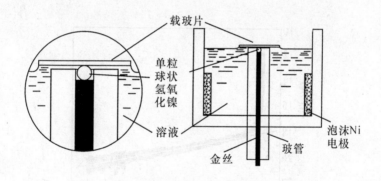

图5.9 测量单粒粉末电化学行为的实验装置

组成,其中质子具有高得多的扩散系数,并对单个粒子内质子传质过程的初始阶段起主要作用(图5.10(a)及图5.10(b)中的初始阶段);其二为多孔非晶体相中分布的大量微晶,在微晶内部质子的扩散系数则要小得多,因此在传质过程的后期起主要作用(图5.10(b)中几百秒以后)。

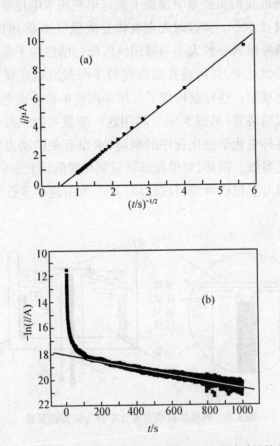

图 5.10　单粒球形氢氧化镍恒电势充电时电流随时间的变化
(a)初始充电阶段；(b)全程变化情况

5.4　用粉末微电极方法研究"气体电极/聚合物电解质膜"界面上的反应机理

在化学电池中常采用固态离子导电膜,按使用方法大

概可分为两类:

(1)在一些电池中,离子导电膜被用作两部分电解质溶液(液相)之间的分隔物,借以减少或避免阴、阳极上反应物(包括反应产物)之间的相互作用;而电极本身仍浸泡在电解质溶液中。在这类场合中,电极的行为与前面介绍过的"全浸没电极"基本相同,只是在分析电池电压时必须考虑离子膜的电阻(离子导电能力)。

(2)在另一些电池中,离子膜是惟一的离子导电相(至少阴、阳极两者之一只与离子膜直接接触)。多孔电极薄层被紧压在离子膜表面上而形成电化学反应界面。然而,由于多孔电极和离子膜都是有一定机械强度且具有平滑表面的固相,二者之间的接触面积不可能很大,换言之,在这种情况下多孔电极的大部分表面与不导电或导电性不良的气相或液相(如纯水、离子导电性很低的有机液体或有机溶液等)接触,而不是直接与离子膜接触。采用质子交换膜的氢-氧燃料电池和直接甲醇燃料电池等,就是这类装置的实例。

在4.5.1中我们曾讨论过气体扩散电极的"薄液膜"理论,推导出主要的反应界面应该是表面覆盖有薄液膜的那一部催化电极表面。然而,这种成流机理涉及薄液膜中的离子导电过程,因而只适用于采用高导电液相电解质(例如强酸、强碱溶液)的那些场合。在由多孔催化气体电极和离子导电膜组成的体系中虽也可能有水膜存在,但主要是导电性很低的"纯水"。因而,即使催化电极粉层是"潮湿的",也不可能按"薄液膜"机理输出可观的电流密度。

在本节中我们主要讨论"气体电极/固态离子膜"组合体的反应机理。中心问题是:既然由于水相导电性差致使电化学反应只可能在"电极/离子膜"界面上进行,而后一界面又只包括多孔电极全部表面中的很小一部分,那么大量并未与离子膜直接接触的表面是如何起作用的?后一类表面只与不导电或导电性很低的介质接触,因此显然不可能直接参加界面电化学反应。按原理分析,后一类表面只可能作为反应粒子的"源"或反应产物的"储藏所",通过固相表面上或固相内部的传输过程间接地参与在电化学界面上发生的电氧化还原过程。

迄今有关这类反应机理的实验研究并不多见。McBreen首先用实验定性地证明上述传输机理的存在[5]。他分别用一层和两层细铂丝网压在氢离子型全氟磺酸Nafion膜上测量循环伏安曲线,发现用两层网时氢区和氧区电流都显著增大。这一实验结果清楚地表明:虽然第二层铂网并未与膜直接接触,其表面上的吸附氢原子和含氧吸附粒子仍然能参与第一层铂与离子膜形成的界面上的电化学反应,这只可能解释为吸附粒子能较快地在铂表面上迁移。

我们曾利用粉末微电极仔细地研究了"气体电极/离子导电膜"界面的反应机理。[6,7]

用来研究"粉层/膜"界面的实验装置见图 5.11,其中粉末微电极与铂盘电极互相对应分别紧压在膜的两侧。膜的边缘则浸在纯水中以保持膜的湿润。用作参比电极的动态氢电极(DHE)也是压在膜的表面上。利用这一装置测得的铂黑粉末微电极的循环伏安曲线见图 5.12(b)。为了比较,在图中画出了直径均为 $60\mu m$ 的用铂-黑催化剂填充的粉末微电极(粉层厚度约为 $40\mu m$)在 $0.5M\ H_2SO_4$ 中测得的循环伏安曲线(见图 5.12(b))。

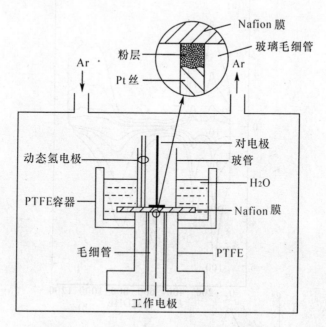

图 5.11 研究"粉层/膜"界面的实验装置

比较图 5.12 中的(a)和(b),可见在两种情况中粉层电极输出电流的能力相近。由于浸在 H_2SO_4 溶液中的粉层的全部表面均可参加反应,可以推知压在膜上的粉层中的大部分内表面应亦能参加"粉层/膜"界面上的电化学反应。按常理分析,在所观察的情况下,实现不与膜直接接触的铂表面上的界面反应有两种可能的机理:以吸附氢原子的电氧化反应为例,一种可能机理是吸附氢原子通过表面扩散在直接与膜接触和不与膜直接接触的两种铂表面之间迁移,而在前一种表面上进行电化学反应;另一可能机理则是吸附氢的生成与氧化直接发生在不与膜接触的铂表面上,

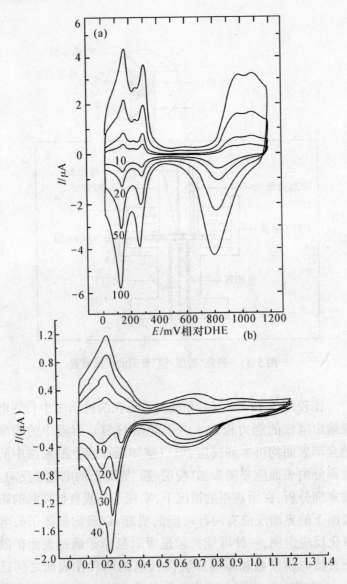

图 5.12 Pt 黑粉层电极在(a)0.5M H_2SO_4 中和(b)在膜界面上的循环伏安曲线,曲线旁数字为扫描速度(mV/s)

而质子通过界面上薄层具微弱质子导电性的液体在两种铂表面之间迁移。然而,如果反应按后一种机理进行,则应在液膜内将引起 IR 降并导致所有电流峰位置的同步移动,与实验中观察到的现象不符。因此,反应很可能还是按照吸附原子氢表面扩散机理进行的。我们还直接测量了吸附原子氢在 Au 和 Pt 表面上的扩散过程,见文献[8]和[9]。

当电势扫描速度(v)很小时吸附氢原子的氧化电流峰值(I_p)与扫描速度大致成正比(见图 5.13(a)),且 $I_p \sim v$ 关系的斜率与同一粉末电极浸在 H_2SO_4 溶液中时测得的(图中虚线)基本相同,表示几乎全部铂黑表面均能参与界面电化学反应。在较高扫描速度下则 I_p 与 $v^{1/2}$ 之间有线性关系(见图 5.13(b)),表示电化学界面上的反应速度受粉层内表面上吸附氢原子的表面迁移速度控制。根据高扫描速度区的斜率还可以估算吸附粒子在粉层中的表观扩散系数。

此外,还观察到"粉层/膜"界面上强吸附粒子电氧化还原反应的可逆性要比在 H_2SO_4 溶液中差得多。例如,强吸附氢原子(可能主要是 Pt(100)面上的吸附氢原子)和含氧吸附粒子的反应电流峰位置均随电势扫描速度而移动,而当同一粉末电极浸在 H_2SO_4 溶液中时则不出现此类现象。

所观察到的现象可能与"粉层/膜"界面上输出电流的机理有关。由于只有在与膜直接接触的少数铂黑粒子表面上反应物能直接参加界面电化学反应,其他粒子表面上的吸附态反应物必须首先迁移到这些直接与膜接触的粒子表面上才能实现电化学氧化还原反应。换言之,吸附在粉层中面积很大但不与膜直接接触的内表面上的大量反应粒子要集中到面积小得多的"粉粒/膜"界面上才能实现电子交

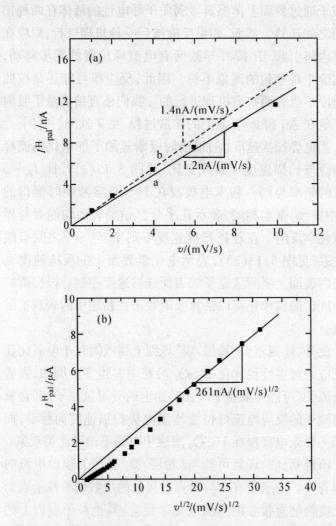

图 5.13 主要 H 氧化峰高度随扫描速度的变化
(a)低扫描速度时;(b)较高扫描速度时

换反应。因此，电化学反应界面上的局部电流密度可能相当高。相比之下，当粉层电极全浸没在 H_2SO_4 溶液中时，几乎粉层的全部内表面均可用于实现电子交换的反应。这就一方面解释了为什么在"粉层/膜"界面上会观察到更严重的极化现象，另一方面也指出了增大粉层与膜之间的接触面积可能是改善"粉层/膜"电极输出电流能力的重要途径。大致有两类措施可以改善粉层与膜之间的接触：一类是采用高压特别是热压方法（通过升温提高膜的可塑性）来形成面积更大且结合更强的反应界面；另一类是用聚合物电解质的溶液修饰粉末电极的内表面，使电化学反应界面能较好地深入粉层内部。实践证明，综合采用这两类措施对改善粉层/膜电极的初始输出性能相当有效。

在实践中，为了减少贵金属用量以及提高贵金属的利用效率与工作寿命，往往将贵金属微粒载在具有高比表面的"载体"上。载体的作用一方面是分散贵金属微粒以提高其利用效率，另一方面是防止贵金属微粒"烧结"而降低其表面积。Pt/C 催化剂就是最常用到的一个例子，其中 Pt 含量一般在 5%～20% 之间。

在图 5.14(a),(b) 分别显示填充了 XC-72 碳粉的粉末微电极浸在 $0.5M\ H_2SO_4$ 中和压在 Nafion 膜上时测得的循环伏安曲线。其中在硫酸中测得的曲线与在一般碳表面上测得的曲线形状相似，但数值要大得多，主要是高比表面碳粉上的电容电流。在 0.4～0.6V 之间电容曲线上呈现不明显的驼峰，一般认为主要是表面氧化物的生成与还原所引起的。当粉层压在离子膜上时（见图 5.14(b)），在 0.0～0.5V 的电势范围内曲线形状与图 5.14(a) 中基本相同，表示这一电势范围内在不与膜接触的碳表面上有足够高的离

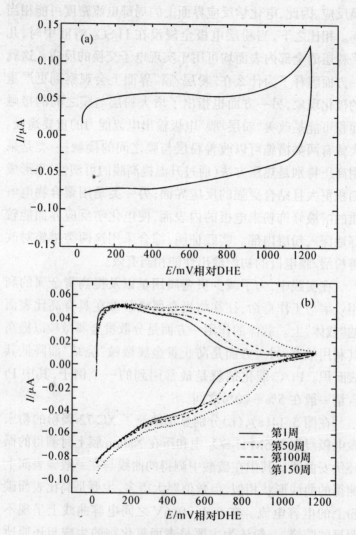

图 5.14 XC-72 碳粉层微电极的循环伏安曲线
(a) 0.5M H_2SO_4 中;
(b) Nafion 膜上(扫描速度均为 20 mV/s)

子导电性来支持碳表面的充电过程。然而,在比 0.6V 更正的电势范围内初始充电电流很小,表示碳表面不具有足够的离子导电性;只有经过多次反复极化后,才能使表面导电性增大。

如改用载有 20%Pt 的 XC-72 碳,则当粉末微电极在 1.2V 保持 10min 后可测得如图 5.15 中曲线 a 所表示的循环伏安曲线。从曲线的数值和形状可以看出相当大部分铂表面可以顺畅地实现界面电化反应,包括吸附氢的生成与氧化,以及含氧吸附粒子的生成与还原。然而,如果实验前将粉末电极先在 -0.3V 保持 10min,则含氧吸附粒子的反应几乎完全被抑止;有趣的是,吸附氢的反应却几乎不受影响(见图 5.15 中曲线 b)。

电子显微照片显示,所用 Pt/C 催化剂中铂是以纳米微粒子的形式分散分布在载体碳表面上的,因此,反应中涉及的表面粒子迁移既要通过铂表面,也要通过碳表面,也许还需要在铂表面与碳表面之间多次转移。那么,这一过程又是按照什么机理进行的呢?从图 5.16 中看,当扫描速度改变时,各吸附粒子的反应电流峰值所对应的电势并无显著变化,似乎表示反应粒子的界面迁移并未在界面层中引起明显的 IR 降。这很可能是由于反应机理中较少涉及离子迁移,而主要是不带电荷的反应粒子在固相表面上的迁移。但是,从目前已有的实验结果还不足以对此作出确定的结论。

根据以上的讨论似乎可以提出以下几点看法及讨论:

(1)在"粉层电极/固态离子膜"体系的粉层中,那些不与膜直接接触的催化剂粒子能通过反应粒子的表面扩散或/及表面离子电导参加"粉层/膜"界面上的电化学反应,

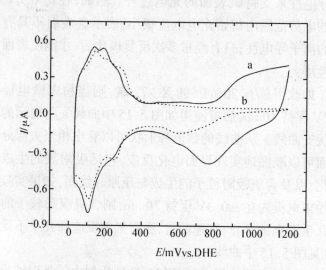

图 5.15 Pt/C 催化剂粉末微电极在 Nafion 界面上的循环伏安曲线,扫描速度 20mV/s
a 先在 +1.2V 保持 10min;
b 先在 -0.3V 保持 10min

其中表面扩散所起的作用可能更大。换言之,这些粒子可用作反应粒子或/及反应中间产物的"源"或"储存所"。例如:不与膜直接接触的铂粒子可以先吸附氢或氧,再通过表面(或体相)扩散输送至电化学反应界面。因此,那些不直接与离子导电膜接触的粒子并非电化学惰性的或可有可无的,而是与那些直接与膜接触的催化剂粒子相互配合,共同支撑气体电极反应的进行。

(2) 由此可见,在直接和不直接与膜接触的两类催化表面之间应有适当的"匹配",即两类表面中任何一类表面过少都不利于气体电极输出性能的最优化。

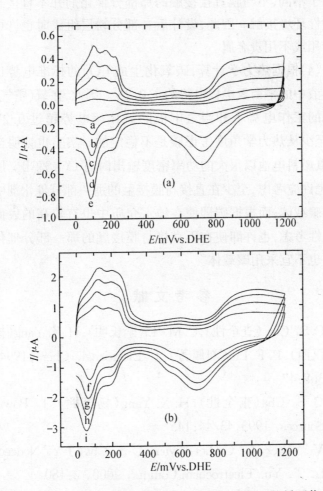

图 5.16 Pt/C 催化剂粉末微电极在 Nafion 界面上的循环伏安曲线,扫描速度:a,2;b,5;c,10;d,15;e,20;f,40;g,60;h,80;i,100(mV/s)

(3)和处在强酸性介质中的那些与膜直接接触的催化

剂粒子不同,不与膜直接接触的那部分催化剂并不直接与强酸性环境接触。因此,设计后一部分粉层组成时也许可以少用或不用贵金属。

(4)根据热力学计算,碳氧化生成 CO_2 的标准电势比同溶液中的平衡氢电极电势约正0.2V。因此,在氧(空气)电极的工作电势下和当氢电极的氧化超电势超过0.2V时,至少从热力学角度考虑碳是不稳定的。实验也证明当氢-氧燃料电池以很大的功率密度输出时有 CO_2 逸出。所以,也许应考虑,至少在直接与膜接触的那一部分催化剂中不用碳载体;而根据碳即使在纯水介质中也有较高的表面导电性考虑,也许即使在不直接与膜接触的那一部分催化剂中也不宜采用碳载体。

参 考 文 献

[1] C. S. Cha(查全性), C. M. Li(李长明), H. X. Yang(杨汉西). P. F. Liu(刘佩芳). J. Elecroanal. Chem, 1994, 368:47

[2] C. S. Cha(查全性), H. X. Yang(杨汉西). J. Power Sources, 1993, 43/44:145

[3] V. Vivier, C. Cachet-Vivier, C. S. Cha, J-Y. Nedcec, L. T. Yu. Electrochem Comm., 2000, 2:180

[4] L. Xiao(肖亮), J. T. Lu(陆君涛), P. F. Liu(刘佩芳), L. Zhuang(庄林), 等. J. Phys. Chem. B, 2005, 109:3860

[5] J. J. McBreen. J. Electrochem Soc., 1985, 132:1112

[6] W. Y. Tu(涂伟毅), W. J. Liu(柳文军), C. S. Cha(查全性). B. L. Wu(吴秉亮). Elecrnochim, Acta,

1998,43:3731

[7] W. J. Liu(柳文军),B. L. Wu(吴秉亮). C. S. Cha(查全性). J. Electroanal, Chem., 1999,476:101

[8] L. Su(苏磊), L. B. Wu(吴秉亮). J. Electroanal. Chem, 2004,565:1

[9] 柳文军,吴秉亮,查全性,张红. 物理化学学报,1998,14:481

图书在版编目(CIP)数据

化学电源选论/查全性著. —武汉:武汉大学出版社,2005.7
ISBN 7-307-04634-2

Ⅰ.化… Ⅱ.查… Ⅲ.化学电源—文集　Ⅳ.TM911-53

中国版本图书馆 CIP 数据核字(2005)第 069577 号

责任编辑:谢文涛　　　责任校对:王　建　　　版式设计:支　笛

出版发行:武汉大学出版社　　(430072　武昌　珞珈山)
　　　　　(电子邮件:wdp4@whu.edu.cn 网址:www.wdp.com.cn)
印刷:湖北恒泰印务有限公司
开本:880×1230　1/16　印张:6.875　字数:146 千字
版次:2005 年 7 月第 1 版　　2005 年 7 月第 1 次印刷
ISBN 7-307-04634-2/TM·14　　定价:15.00 元

版权所有,不得翻印。凡购买我社的图书,如有缺页、倒页、脱页等质量问题,请与当地图书销售部门联系调换。